谷晓平 等 编著

特色农业与气象试验研究

——以贵州省"两高"沿线为例

气象出版社
China Meteorological Press

内 容 简 介

本书以贵州省"两高"（厦蓉高速公路和贵广高速铁路）沿线为主要研究区域，以 10 种主要特色农作物为研究对象，包括水果（蓝莓、椪柑、葡萄、火龙果）、蔬菜（辣椒、番茄、西葫芦、小白菜、芥蓝）、花卉（菊花），详细介绍了"两高"沿线气候资源特征及蓝莓、椪柑、葡萄、火龙果、菊花、蔬菜的农业气象试验成果。本书适合农业气象业务科研人员、高等院校师生及相关农业气象工作者借鉴与参考。

图书在版编目(CIP)数据

特色农业气象试验研究：以贵州省"两高"沿线为例/谷晓平等编著.
北京：气象出版社，2015.4
ISBN 978-7-5029-6086-5

Ⅰ.①特… Ⅱ.①谷… Ⅲ.①特色农业-农业气象-气象试验-研究-贵州省 Ⅳ.①S164.273

中国版本图书馆 CIP 数据核字(2015)第 009259 号

出版发行：气象出版社

地　　址：北京市海淀区中关村南大街 46 号　　　　邮政编码：100081
总 编 室：010-68407112　　　　　　　　　　　　发 行 部：010-68409198
网　　址：http://www.qxcbs.com　　　　　　　　　E-mail：qxcbs@cma.gov.cn
责任编辑：崔晓军　　　　　　　　　　　　　　　　终　　审：章澄昌
封面设计：易普锐创意　　　　　　　　　　　　　　责任技编：吴庭芳
印　　刷：中国电影出版社印刷厂
开　　本：710 mm×1000 mm　1/16　　　　　　　印　　张：14
字　　数：282 千字
版　　次：2015 年 4 月第 1 版　　　　　　　　　　印　　次：2015 年 4 月第 1 次印刷
定　　价：75.00 元

编 委 会

前　言

农业气象试验是运用气象学、生物学、数学、物理学、地理学等原理,通过对农业生产对象的生长发育、产量形成和相应农业气象要素的平行观测获取相关信息并进行整理分析,研究农业生产系统与气象条件相互关系的方法。农业气象试验是研究作物气候适应性、分析农业气象灾害风险、提出科学防灾减灾措施的重要手段。

贵州省是一个内陆山区省份,面积 17.61 万 km²,经济总量小,发展较缓慢。贵州省经济和农业欠发达的原因很多,交通不便是原因之一。随着交通运输业的迅猛发展,农产品的地域性影响程度减弱。厦蓉高速公路贵阳至水口段和贵广高速铁路(简称"两高")的开通,为实现贵州省委提出的"加快优势蔬菜产业带和规模化商品蔬菜基地建设,进一步巩固烤烟、油菜生产,大力发展马铃薯、茶叶、油茶、精品水果、中药材、花卉等大宗特色优势农产品,培育发展一批面向珠三角、东盟市场的农产品生产加工基地"的发展目标提供了条件。

由于多雨、湿润、气候适中,从南亚热带到北温带的优质品种在贵州省都能找到适生地,气候优势十分明显。近年来,贵州省在保障粮食安全的前提下,农业结构调整积极推进,特色种养业加快发展。

在贵州省科技重大专项"贵州'两高'沿线特色农业气候精细化区划与气象灾害防控"的资助下,项目组研究人员进行了 10 种作物的农业气象观测试验研究。本书是近几年研究成果的总结,主要介绍了"两高"沿线农业气候资源优势,以及蓝莓、椪柑、葡萄、火龙果、蔬菜、菊花的农业气象试验研究成果。在农业气象试验研究过程中,得到了贵州农业部门及企业的向青云、张绍刚、陈传庆、李勇平、杨海洋、吴安永、杨奎、王彪、于坤、周朝军、藕继旺等,以及气象部门的彭浩、李文婷、方庆文、石宏辉、杨绍洪、韦波、刘崛、韦昭义、宋启堃、左丽芳、计碧江、谭清波、王备、易俊莲、郑琦等的大力支持,在此一并感谢。

本书在编写过程中,全体编委和审稿专家进行了广泛的交流,也参考了国内外有关教材、专著及科技期刊中的一些资料,但难免有遗漏和错误。此外,因学科理论方法发展迅速和编著者水平有限,该书在内容上尚难尽人意,文字、图表等虽几经核校,但仍难免有不当之处,恳请读者提出宝贵意见,以便进一步修正。

编著者

2015 年 1 月 6 日

目　　录

第1章　绪　论

1.1　农业气象试验概述

农业气象试验是研究农业生产系统与气象条件相互关系的必要方法,即运用气象学、生物学、数学、物理学、地理学等原理,通过对农业生产对象的生长发育、产量形成和相应农业气象要素的平行观测获取相关信息并进行整理分析,以实现农业资源和技术的最优化分配。农业气象试验的设计及信息的整理分析等一系列过程须遵循科学性、代表性和对照性等原则。

1.1.1　农业气象试验的必要性

农业气象试验是农业气象学研究农业生产系统与大气环境条件相互关系的必要途径。农业气象试验为农作物气候适应性分析、农业气象灾害指标的确立及设施农业和特色农业的推广提供了手段与方法。

通过农业气象试验,掌握农作物生长发育过程与气象条件的相互关系,选取合理的气候适应性指标,以评价农作物的气候适应性;通过农业气象试验,观测农作物在生长发育过程中受气象条件影响而产生的异常生理形态特征,确定农作物农业气象灾害指标,进而进行农业气象灾害预报和风险预测评估,为农业生产防灾减灾提供科学依据;通过农业气象试验,为设施农业和特色农业的推广提供科学依据和技术指导。

(1)农业气象试验是分析农作物气候适宜性的必要途径

农作物气候适宜性,是指通过分析一个地区的气候条件(辐射、温度、湿度、降水量等)来评价该地区的气候条件对农作物的适宜程度。随着全国各地工业化进程的加快和对自然资源的不断开发,随之而来的是环境问题、气候变化及农产品市场需求的改变,这些变化均使得农作物气候适宜性发生了相应变化。面临这些改变,不管是引种新品种还是保持原有物种,都必须以农作物气候适宜性为前提,因此就必然要开展充分的农业气象试验。

气候变化的两个典型特征是平均气温上升及极端天气气候事件发生频率增加。其中,全球变暖带来的农业气候资源变化及其密切相关的农作物种植制度、种植范围等一系列影响,需要农业气象工作者关注。

随着农产品市场需求结构变化,特色农业在种植业中所占比重逐渐增大。设施农业作为一种现代农业的生产模式,充分运用现代科学技术为农产品特别是蔬菜、水果生产提供可控、适宜的温湿度、光照、水肥等环境条件,在一定程度上摆脱了农业生产对自然环境的依赖。尽管如此,设施农业生产仍然受到自然气候资源的约束,通过农业气象试验分析区域特色农业生产和设施农业建设规格的气候适宜性也势在必行。

(2)农业气象试验是研究农业气象灾害指标的基础

农业是最易受天气气候影响的行业,每年因干旱、洪涝等气象灾害造成的粮食产量波动高达10%～20%。特别是极端天气气候事件发生频率增加,使得农业生产过程中气象灾害风险增大。如何辨识不同农作物的气象灾害受害特征,建立合理的农业气象灾害指标,并进行风险评估和预测是农业气象亟待研究的重点和难点。

目前,我国的农业产业结构、生产方式、天气气候条件等均发生了很大变化,原有的农业气象指标已经不能科学地反映气象条件和农业气象灾害对作物生长发育的影响。因此,迫切需要联合开展区域性农业气象观测试验研究,持续验证和修订农业气象指标体系,明确农业气象灾害的形成机理和危害机制,提高农业气象灾害监测、预报、预警及评估能力和水平。

(3)农业气象试验是农业气象科研成果示范推广的要求

农业气象科研成果从农业气象试验规律总结中来,而农业气象成果的示范推广必然要求农业气象试验的验证。农业水土资源短缺、气候变化影响加剧已经成为我国现代农业发展的瓶颈,迫切要求农业气象在科技创新上取得新突破,依托农业气象试验研发和示范推广,增强农业应对气候变化能力,提升农业抗御气象灾害能力,提高农业气候资源开发和利用能力。

1.1.2　农业气象试验的发展

(1)古代农业气象试验定性观察阶段

古代的农业气象试验处于观察和定性描述阶段,通过积累几代甚至几十代人的耕作经验获知大量农业生产与气象相互关系的规律,正是这些经验的积累促成了世界古代文明的形成。古埃及人民通过观察雨季与农作物生长周期之间的关系,探求两者之间的规律,并据此合理安排农作物播种和收获。早在2 000多年前的春秋时期,孔子门生通过观察农作物生产与气象条件的相互作用,得到了气象条件对农作物丰收与否的关键作用(庶征:曰雨、曰阳、曰燠、曰寒、曰风。五者来备,各以其叙,庶草繁庑。一极备,凶;一极无,凶。见《尚书》),可谓是古代农业气象的萌芽。我国古代劳动人民通过观察太阳运行、温度、水分等因素,以及农作物在不同时期的生长发育情况,在西汉时期形成了广泛应用于农业生产的二十四节气并沿用至今。

总体来讲,古代劳动人民为了获得丰收,注意观察天气气候的发生发展规律,并总结了两者之间的关系。但从对古代农业生产活动的描述可以看出,这一阶段只是将气象因素对农业生产的影响做了初步的定性描述,农业气象要素的概念还没有形成。

(2)近代农业气象试验定量发展阶段

19 世纪以来,农业气象的研究朝着定量阶段转变,农业气象试验的设计和分析也出现了定量化的特征。随着气象观测仪器的发明、完善和气象观测站的建立,以及战争对天气预报的需求,气象学研究取得了空前的成就。一些农业科学家为使农作物获得高产和合理利用气候资源,曾应用气象学的成果来探讨作物生长与气象条件的关系,并根据光、热、水条件进行农业气候区划等。19 世纪中期,美国开始设立农业试验站,至 1887 年,美国已有 14 个农业试验站,供美国农业科学家参与农业相关科学的研究,主要涉及环境、病虫害和育种等方面,对气象因素的研究还未专门化。19 世纪中叶,西方在我国沿海陆续开展气象观测,1912 年直隶农事试验总场设立农业测候所。晚清时期,清政府实行新政,采取了一系列农业政策,设立了许多农业试验场,推动了我国农业的近代化,但是此时期的农业试验以向外国学习、引进外国先进农具为主,对气象条件的关注较小。总体上来说,近代中国由于战乱,农业气象的发展基本停滞,落后于西方国家。

(3)高新技术充分应用及全方位合作阶段

第二次世界大战结束后,全球进入发展经济时期,特别是 20 世纪 70 年代以来的新技术革命,使农业气象试验技术迅速发展。

我国在新中国成立初期组建了一批农业气象科研和服务机构,成立了一批农业气象试验站。1955 年前后建立了全国农业气象监测网和农业气象试验站网,开展了基本气象要素、土壤水分、作物生长发育和产量形成、物候及农业气象灾害等项目的定期、定时监测和上报,我国现代农业气象研究体系基本形成。自 20 世纪 80 年代以来,全国系统地开展了作物气象、农业气候区划、粮食产量气象预报、农业气候资源利用和农业气象灾害分析及防御等重大科研和业务工作,在田间试验的基础上,准确获得农作物生长发育规律、生理特征及其与气象条件的关系,在农作物产量预报和农业气象灾害的防御中都起到了重要作用。国家气象局(现中国气象局)于 1993 年颁布了《农业气象观测规范》,农业气象观测实现了规范化和标准化。进入 21 世纪后,气候变化带来的气候变暖和极端灾害事件频发,以及经济发展带来的环境问题,无一不对农业生产提出新的要求,农业适应气候变化需要科学合理的农业气象试验。

在目前气候变化和社会工业化的背景下,农业气象试验主要有以下特点:

1)高新科技的充分利用。农业气象试验过程中采取先进的设备对农业气象要素进行监测;利用"3S"技术监测农业气象试验过程中的农业气象要素及农作物生长状况,进行农业气象观测数据整理分析;利用计算机技术,进行数据库、模型的构建,以及农业气象成果的表达等。

2)多学科的交叉。农业气象试验的设计与数学、生态学、生物学、地理学等多领域相结合,已建成多个生态气象农业试验站,如固城、郑州、南京、定西等。

3)设施农业气象试验的广泛开展。经济发展对农产品的需求结构产生了一定影响,人们对果蔬花卉和鱼肉类的需求量增大,因此设施农业气象试验广泛开展。

4)全方位合作。随着交通运输的发展,农产品的地域性减弱,研究人员通过全国各地区间的合作及与国外的合作开展特色农业气象试验,积极寻求和参与经济科技全球化合作,达到互惠共赢,为国家"走出去"战略奠定农业"走出去"基础。

1.2　农业气象试验内容

通过农业气象试验进行农作物的常规农业气象观测,研究区域气候变化规律,分析农业气象灾害风险及提出科学的防灾减灾措施,这些一直以来都是农业气象试验的基本任务。近几十年来,随着科学技术的发展和农业气象工作者的努力,农业气象试验的研究领域不断扩展,内容更加充实。在研究方法上不仅与生态学、生物学、数学等原理相结合,还将现代新技术、新方法应用于农业气象试验研究中。

农业气象试验内容包括根据研究需要进行数据资料的获取和整理分析两个过程。

1.2.1　农业气象信息资料的获取

农业气象信息资料的获取是指为了获取农业气象信息资料而进行的一系列试验内容,包括站网设置,农业气象试验设计、实施、观测,以及遥感信息的读取。

除获取常规气象观测资料外,还要根据农业生产和科学研究的需要设计土壤水分、温室气体含量、农业物候、农业气象灾害、农田及设施小气候等农业气象观测项目。

农业气象数据是从根据农业生产和研究需要设计的农业气象试验观测得到的,包括大气环境(太阳辐射、温度、湿度、风速和气压等)的观测和农业生态系统的观测。其中,农业生态系统包括农业生物、农业设施、农业生产活动和农业生态环境4个子系统,对农业生物的观测主要是对农作物、森林、草地、花卉、畜禽、昆虫、水生生物和微生物等进行观测,观测其整个生育期气象条件对其生理形态的影响;对农业设施的观测主要是对农田、温室、畜舍、仓库等设施进行气体成分、温度、湿度、光照等农业小气候的观测;对农业生产活动的研究内容主要包括栽培、养殖、农机作业、产品加工、运输、贮藏、销售等整个农业生产过程中各个环节对农产品产量和品质的影响;对农业生态环境的观测主要包括对大气环境、水环境、土壤环境和生物环境的监测,研究农业生产过程中农药、化肥的施用水平及养殖密度对生态环境的影响。

1.2.2　农业气象资料的整理分析

农业气象资料的整理分析包括:利用应用气象学、气候学、栽培学、生态学和数学等多学科原理和方法,引入作物生长发育模型;建立适合各区域的粮食、果树、蔬菜等全生育期的农业气象适宜指标,新品种气候适应性指标,农业气象灾害与病虫害发生指标;明确各种指标的适用条件和时空范围,最终建立规范化、共享性的包含常规气象资料、农业气象观测试验数据资料、农林病虫害数据、农业气象灾害数据、农业气象指标、农业经济统计信息和基础地理数据的综合农业气象数据库。其目的是:为各区域现代农业气象科技保障服务体系提供数据支撑,从而全面提升农业气象防灾减灾、农业应对气候变化、农业气候资源开发利用的能力。

1.3　农业气象试验方法

农业气象试验中数据资料的获取包括试验方式的选择、试验的设计及农业气象数据的观测。这个过程应以农业气象学研究对象和研究方法为基础,遵循生态学原则,以计算机技术、"3S"技术、数学方法为手段,实施具有科学性和代表性的农业气象试验。

1.3.1　农业气象试验方式

农业气象试验方式可分为人工环境模拟法、自然环境试验法、野外考察法、遥感信息分析法、农业气象数值模拟法等。

(1)人工环境模拟法

人工环境模拟法包括全环境控制和部分环境控制两种。前者利用人工气候箱(箱群)或人工气候室综合控制,调节光照、温度、降水、湿度等农业气象要素,进行各类植物-大气,或土壤-植物-大气条件的综合模拟试验。后者利用塑料棚、温室、防雨棚、暗室、淋雨器、土壤温度控制箱(钵)、风洞等设备,模拟一个或多个环境因子的变化。

(2)自然环境试验法

自然环境试验法包括分期播种法、地理播种法、地理移置法和对比试验法4种试验方法。

分期播种,即按一定的时间间隔重复播种试验植物,利用气象条件随时间的变化来研究各类农业气象问题。应用这种方法,使植物在同一生长发育时期遇到不同气象条件或在同一气象条件下又遇到植物的不同生育时期,可以达到缩短试验周期、提早获得结果的目的。

地理播种法,即利用地区间气象条件的差异来研究某一农业气象问题,可在不同纬度的地区间进行播种(水平地理播种),也可在不同高度的地区(垂直地理播种)或不同地形的地区进行播种(小气候播种)。

地理移置法,即根据不同研究目的,将在同一地点和时间、统一栽培管理的相同盆栽试验材料,于试验阶段分别移送至山区不同高度(或不同地形)的各试验点,进行某类农业气象问题的试验研究。

对比试验法,即对各种试验处理直接进行对比平行观测。应用此法时,作物品种、土壤类型及栽培管理应尽量一致,以排除非气象因子对作物生长发育的影响,突出气象条件的作用。

(3)野外考察法

野外考察包括实地调查、考察指示植物和自然物候观测3种方式。

实地调查,即根据生产实践提出的农业气象问题,利用仪器在事先拟定的考察路线上进行定点观测或流动观测或访问调查等,以取得资料数据。按调查目的的不同分农业气候普查、农业气象灾害调查和农业小气候调查等类型。

考察指示植物,即利用指示植物的地理分布,推断该地区的农业气候特点。

自然物候观测,即利用自然物候资料,结合相应年份的气象资料进行整理分析,找出相互关系。

(4)遥感信息分析法

遥感信息分析法,即利用光电传感器接收并记录被测对象所发射(或反射)的不同电磁波并拍摄成图像,然后利用图像处理软件进行处理,判读所获得的资料。按运载工具的高度,可分为地面遥感(如雷达探测)、低空遥感(如飞机探测)和高空遥感(如卫星探测)。

(5)农业气象数值模拟法

农业气象数值模拟法,即根据农业气象某些基本原理,假定一些模式参数,运用计算机进行运算,最终得出最佳的农业气象模式参数及其组合。

(6)其他生理生化方法

各类田间试验研究方法,一般都辅以形态解剖和生理生化分析等方法。通过形态解剖,可对生长在不同气象条件下的植物群体结构,个体生育状况,以及组织、器官、细胞间的差异进行分析测定;通过生理生化分析,可对不同气象条件下植物群体或个体的呼吸、光合、物质代谢、水分循环、气体交换等各种生理学或生物化学的变化特征进行测定。各类试验研究方法进行前须拟定试验研究计划和实施方案,合理设计试验因素和处理方法,尽量减少误差,以求试验能得到可靠结果。

1.3.2　农业气象试验设计方法

农作物的生长发育受许多气象要素的影响,同一要素的不同强度,农作物的不同生育期、不同的栽培措施,对农作物影响都不同。因此,设计农业气象试验时应遵循对照性、科学性、代表性、综合性、主要因素和限制性因素等原则。

目前,农业气象试验设计方法有对比法、间比法、随机区组设计法、拉丁方设计法、裂区设计法、正交设计法和均匀设计法等。

(1)对比法

对比法是最简单的一种田间设计试验方法,这种设计常用于处理因子数和水平数较少的农业气象试验。这种设计要求每隔两个小区设置一个对照区,使得每个小区能够与对照区相连,方便对比,并且降低了试验小区域对照区的土壤、温度等要素的差异。

(2)间比法

农业试验中处理因子与水平较多,对精度要求不高时可采用间比法。间比法操作简单,但因不是随机排列,不能消除误差。这种设计方法要求在每一个试验地上排列的开始和最后一个小区都是对照区,在同一重复小区内,各小区按顺序排列,每两个对照小区内设置同等数目的处理小区,重复可以是 2~4 次,各重复可以是一排或多排。

(3)随机区组设计法

根据局部控制原理,将试验地按肥力程度划分成与重复次数相同的区组,即将试验地中土壤肥力基本均匀的地段划成区组以减少土壤肥力差异。方法简单,但不能将试验误差尽量减少。

(4)拉丁方设计法

拉丁方设计是比随机区组更多一限制的随机排列设计。随机区组设计适用于具有一个方向土壤肥力差异的试验地;而拉丁方设计能控制纵横两个方向土壤肥力的差异,得到的结果较精确,但重复数较多,而且对土地要求较高。

(5)裂区设计法

在多因素试验中,如果处理组合数不太多,宜采用随机区组设计。若复因子试验处理组合数过多,各个因子又有某些特殊要求时可以采用裂区设计,但不适合三因子以上的试验。

以上五种设计方法有一个共同特点,即适用于试验因子较少或多因子试验中精度不高时的试验,是全面试验法。

(6)正交设计法

在多因素试验中,当处理组合多且试验结果要求精度高时常采用正交设计法,是部分试验法。

(7)均匀设计法

因素多、水平多(≥5)且精度要求高时,常使用均匀设计法。

1.3.3　农业气象要素观测方法

农业气象要素观测包括常规地面气象要素(太阳辐射、大气成分、温度、湿度、风速、气压)和农业气象要素(作物物候期、生理形态状况、产量、气象灾害及病虫害)两部分内容的观测,两者都要遵循同步观测的原则。

(1)常规地面气象要素的观测

常规地面气象要素的观测有人工观测和自动气象观测两种方式,均需要遵循中国气象局自 2003 年起施行的《地面气象观测规范》。《地面气象观测规范》规定了地面气象观测的观测方法、技术要求、观测记录的处理方法,以及各种自动化设备的具体安装、操作和维护。

(2)农业气象要素观测

农业气象观测不同于地面气象观测,两者区别较大。在日常业务中,地面气象观测的内容和项目,以辐射、温度、湿度、气压、风为主,每天基本保持不变,大部分内容可以实现自动记录;而农业气象观测和记录是随作物的生育期不同而改变的,项目重复少,出错机会多,且 2 个生育期之间的过渡期常常不明显,又没有固定的参照样本,因而需要认真细致地观测,还要求观测人员具备一定的农业基础知识。《农业气象观测规范》中有较为详细的农业气象要素观测的规定。

1.3.4　农业气象资料分析方法

农业气象资料的整理包括资料的审查、订正及各种特征数(降水强度、界限温度稳定通过的起止日期、积温、保证率及变率等)的统计等,具体内容视研究目的和分析要求确定。

农业气象资料分析技术主要有数理统计学方法、模糊数学法、数学物理方法和对比分析法,近年来随着农业生态系统概念的发展,系统分析方法和动态规划方法等也逐步引入,同时,电子计算机的应用也为农业气象分析开辟了广阔的前景。

(1)对比分析法

对比分析法用于分析较为简单的农业气象问题,直接根据获得的平行观测数据或相应图表,分析气象条件与生物有机体生长发育、产量变化及某些农业技术措施的利弊关系,从而得出有关的定量指标。方法简单,结果也较直观可靠。

(2)数理统计学方法

数理统计学方法是将生物的生长发育、产量变化与气象条件之间的关系,看作是随机变量,利用相关和回归等分析方法建立统计模式。常见的统计模式有一元或多元回归方程式、积分回归方程式、两个或多个函数的阶乘函数式。该方法可应用于农业抽样估计、农业预测预报、农业多元分析及农艺设施优化等方面。

(3)模糊数学法

　　模糊数学法是应用近代数学的模糊集概念,用综合隶属函数拟合、模糊类型识别、相似分析、聚类分析、综合评判等方法来研究农业气象中诸如农业气候区划、资源评价、作物气候适应区、产量年景展望等模糊性问题。

　　(4)数学物理方法

　　数学物理方法是以生物学过程的物质输送和能量转化与平衡为基础,根据实测(或计算)数据用数学物理方程式来模拟生物的生长发育和产量形成过程。通常比统计学模式更能揭示生物和气象条件间的内在机制。

　　(5)常用农业气象资料及图形处理分析软件

　　随着科技的迅猛发展,计算机技术几乎渗透到每一个学科,目前常用的农业气象资料及图形处理分析软件有 Excel,SPSS,Origin,SigmaPlot,MATLAB,ERDAS,ArcGIS 等,这些数据及图形处理软件可以根据研究目的,对试验数据进行数学处理、统计分析、线性及非线性拟合、t-检验,绘制二维或三维图形,如折线图、散点图、饼图、等高线图、面积图、条形图等。

1.4　"两高"沿线特色农业气象试验开展情况

1.4.1　贵州"两高"沿线概况

　　随着生活水平的提高,追求优质、无公害的农产品成为新的时尚,优质、无公害农产品的市场需求越来越大。贵州工业欠发达,农药、化肥施用量远低于全国水平,境内优越的原生态自然环境使贵州成为发展无公害特色农产品的理想区域。但有些特色农产品,如蔬菜、果品、花卉均为鲜活产品,不易存储,其经济价值的实现受时间和市场的制约,导致贵州特色农业优势得不到有效发挥。

　　"两高"是贵州向东南沿海方向辐射的首条高速公路和高速铁路,"两高"的建设将彻底改变贵州区位劣势,大幅度缩短农产品的运输时间,大幅度降低交通运输成本,保证产品鲜活,减少损失,凸显贵州的区位优势。尤其是能提升"两高"沿线区域乃至贵州特色农产品的外销和市场竞争力,为特色农业发展带来前所未有的机遇。

　　贵州"两高"沿线包括贵阳市的六区三县一市,黔南州的惠水县、瓮安县、福泉市、平塘县、独山县、荔波县、罗甸县、三都县、龙里县、贵定县,黔东南州的凯里市、麻江县、雷山县、丹寨县、榕江县、从江县、黎平县等市(县),有近 730 万人,约 26 万 hm^2 耕地(见图 1.1)。该区域地形复杂,气候资源丰富,涵盖南亚热带、中亚热带、北亚热带、暖温带等多种气候类型,形成了丰富的农业气候资源,同时也是贵州省生态环境最为优越的区域。丰富的气候资源,洁净的大气环境、水环境、土壤环境使这里成为特色蔬菜、水果、花卉生产的理想场所。

图 1.1　贵州省"两高"沿线区域

1.4.2　试验开展概况

在贵州省"两高"沿线特色农业气候精细化区划及气象灾害防控项目的支持下，研究人员开展了一系列农业气象试验，以期为农业气象服务、降低气象灾害风险提供科学参考。

"两高"沿线特色农业气象试验开展的工作如下：

（1）蓝莓园区气象观测试验。主要进行蓝莓物候期规律以及指示温度、气象及土壤因子对蓝莓品质的影响、蓝莓生态适宜性的试验研究等。

（2）火龙果气象观测试验。主要进行低温寒害对火龙果不同生长阶段的影响及火龙果的寒害指标试验研究。

（3）菊花气象观测试验。主要进行棚室温光调控对菊花品质和质量影响的试验研究，包括棚室内外小气候的观测，不同定植期和不同品种切花菊生长发育动态、外观品质观测，气象因素对切花菊生长发育及外观品质影响的观测等。

（4）葡萄气象观测试验。主要进行葡萄物候规律、葡萄各物候期对气象因素的响应、气象因素和土壤条件对葡萄品质的影响等试验研究。

（5）椪柑气象观测试验。通过对椪柑的试验观测与调查，找到影响其产量的主要气候因子以及病虫害与气象条件的关系与规律，确定椪柑种植的气候适宜性指标。

（6）蔬菜气象观测试验。试验的研究对象为5种蔬菜（辣椒、番茄、西葫芦、小白菜和芥蓝）。主要进行特色蔬菜的物候期规律及其与气象条件的关系、蔬菜不同发育时段适宜气象指标、气象灾害对蔬菜影响的试验研究。

参 考 文 献

贝尔 W，等.1980.作物-天气模式及其在产量预测中的应用[M].北京:科学出版社:1-60.

陈双溪，殷剑敏，李迎春.2001.充分发挥农业气候论证在农业开发中的重要作用[J].江西气象科技，**24**(2):5-10.

程纯枢，冯秀藻，高亮之，等.1991.中国的气候与农业[M].北京:气象出版社:165.

高启杰.2005.美国的农业试验站体系[J].世界农业，(11):30-33.

国家气象局.1993.农业气象观测规范(上卷)[M].北京:气象出版社:1-123.

姜会飞.2013.农业气象学[M].北京:科学出版社:4.

黎明锋，杨文刚，阮仕明.2004.塑料大棚小气候变化特征及其与蔬菜种植的关系[J].湖北气象，(4):27-29.

李世奎.1999.中国农业灾害风险评价与对策[M].北京:气象出版社:503.

李世奎，侯光良，欧阳海.1988.中国农业气候资源和农业气候区划[M].北京:科学出版社:341-350.

李英全.2007.论清末新政期间的农业试验[J].东方企业文化，(3):94-96.

李勇，杨晓光，叶清，等.2011.1961—2007年长江中下游地区水稻需水量的变化特征[J].农业工程学报，**27**(9):175-181.

李郁竹，等.1993.冬小麦气象卫星遥感动态监测与估产[M].北京:气象出版社:247.

林瑞坤，张立新，杨开甲.2012.福州市农作物低温灾害监测预警服务系统设计与应用[J].中国农学通报，**28**(29):305-309.

刘志娟，杨晓光，王文峰，等.2008.全球气候变暖对中国种植制度可能影响[J].中国农业科学，**43**(11):2 280-2 291.

马静，孙玲，邱俊荣，等.2012.广东境外农业试验示范基地建设现状与对策初探[J].广东农业科学，**39**(18):223-225.

马丽，万长健，简慰民.1998.农业气象试验站温室土壤温度控制系统[J].南京气象学院学报，**21**(4):750-754.

马树庆，王春乙.2009.我国农业气象业务的现状、问题及发展趋势[J].气象科技，**37**(1):29-36.

莫建国，唐远驹，汪圣洪，等.2011.贵州烤烟大田期可用日数与利用分析[J].中国烟草科学，**33**(1):37-41.

莫建国，于飞，梁平.2013.贵州省秋风对水稻影响评估模型的研究[J].中国农学通报，**29**(9):35-38.

齐微微.2011.贵州"两高"路沿线产业带发展研究[J].商情，(40):85-86.

秦璐,高春玲.2008.中国境外农业试验示范合作的现状问题及政策建议[J].世界农业,(5):10-13.

田皓,谭波,邬晓芬,等.2013.江汉平原杂交早稻安全播种育秧气温指标试验[J].湖北农业科学,
　　52(14):3 264-3 267.

仝文伟,张玉娟,郭艳玲,等.2011.气候变化背景下农业气候资源开发应用研究[J].河南科学,**29**
　　(8):933-936.

王春乙,张雪芬,孙忠富,等.2007.进入 21 世纪的中国农业气象研究[J].气象学报(5):263-277.

王馥棠.1989.我国粮食产量气象预测预报研究[M].北京:气象出版社:272.

王馥棠,冯定原,张宏铭,等.1991.农业气象预报概论[M].北京:农业出版社:91-131.

王馥棠,李郁竹,王石立.1990.农业产量气象模拟与模型引论[M].北京:科学出版社:257.

严浩坤,闫广瑞.2008.贵广两高通道对贵州经济发展的影响初析[J].工业技术经济,**27**(7):26-30.

杨文刚,黎明锋,胡幼林,等.2008.蔬菜大棚气象服务系统的设计与实现[J].湖北农业科技,**47**
　　(11):1 342-1 345.

杨小利,蒲金涌,王立科,等.2009.光温因子对冬小麦发育·产量的影响[J].安徽农业科学,**37**
　　(26):12 451-12 453.

姚小英,蒲金涌,王卫态,等.2010.近 15a 陇东玉米生长期辐热积动态变化及与干物质累积量关系
　　的研究[J].干旱地区农业研究,**28**(6):243-246.

叶萍.2007.吐鲁番市设施农业的发展现状及对策[J].新疆农业科技,(2):15-20.

张养才,王石立,李文,等.2001.中国亚热带山区农业气候资源研究[M].北京:气象出版社:187.

中国气象局.2003.地面气象观测规范[M].北京:气象出版社:1-70.

朱自玺.2002.农业气象发展历程的回顾与展望[G]//中国气象学会.我与中国气象事业.北京:气
　　象出版社:332.

竺可桢.1979.气象与农业的关系[J].北京:科学出版社:527.

Kharin V V,Zwiers F W,Zhang X B,*et al*.2007. Changes in temperature and precipitation ex-
　　tremes in the IPCC ensemble of global coupled model [J]. *Journal of Climate*,**20**,(15):1 419-
　　1 445.

Martin B. 2004. Extreme climatic events:Examples from the alpine region [J]. *Journal de Phy-
　　sique IV(Proceedings)*,**121**:139-149.

Zweig C R,Iglesias A,Yang X B,*et al*. 2001.Climate change and extreme weather events implica-
　　tions for food production,plant diseases,and pests [J]. *Global Change & Human Health*,**2**
　　(2):90-104.

第 2 章　贵州省"两高"沿线农业气候资源分析

　　农业气候资源是指直接影响农业生产过程,且能为农业生产所利用的物质和能量的农业气候要素。它是农业自然资源的组成部分,也是农业生产的基本条件。气候资源是四大农业自然资源之一。农业气候资源主要包括光能资源、热量资源和水分资源等。它们都是农作物生长发育和产量形成的重要物质和能量来源,从而成为各种农作物不可缺少的基本生活因子。不同的光能、热量、水分资源的组合,可构成不同的农业气候类型,从而产生不同的作物布局。光、温、水资源对农作物的生长发育都具有同等重要的作用,它们之间可以互为补充,但不能用其中一种资源完全代替另一种资源。一地的农业气候资源往往决定该地区的农业类型、种植制度、作物布局、农产品数量与质量、生产潜力、发展远景规划等。

　　"两高"沿线在贵州省境内经过的市(州)有贵阳市、黔南州、黔东南州,该区域位于 $106°07'\sim109°35'E$,$25°04'\sim27°31'N$,地处贵州省中部、南部和东南部,东邻湖南、南邻广西;地处低纬度高原山区,地势西部高,向东南面倾斜;该区域位于副热带东亚大陆季风区内,属于亚热带湿润温和型气候,由于地形条件复杂,气候资源非常丰富,涵盖南亚热带、中亚热带、北亚热带、暖温带等多种气候类型,形成了丰富的农业气候资源。本章利用"两高"沿线贵阳市、黔南州、黔东南州 3 个市(州)的 36 个国家气象观测站 1981—2010 年的 30 年气象观测资料,选取了月、年平均气温,最高、最低气温,活动积温,稳定通过某界限温度的初、终日期,无霜期,月、年累计降水量,雨日数,月、年日照时数,太阳辐射量等气象要素资料,对贵州省"两高"沿线区域的农业气候资源特征进行统计分析。

2.1　光能资源

　　光能资源是指太阳以电磁波的形式不断地向四周宇宙空间放射的能量。光能资源一般用日照时数及太阳辐射描述。

2.1.1　日照时数

　　日照时数简称"日照",是指一天内太阳直射光线照射地面的时间,表示一个地区太阳光照射时间的长短。世界气象组织规定,在全年自然条件下,太阳直接辐射的辐照度达到 120 W/m² ,作为开始有日照的标准,达到上述标准的照射实际时数称为日照时间,又称实照时数。

与太阳辐射相伴随的日照,在植物生命活动中,具有重要意义。它不仅影响植物的发育过程,而且对植物的形态特征产生深刻影响。科学实验证明,植物体内的干物质,有 90% 左右是直接或间接地来自光合作用的产物。

通过对贵州省"两高"沿线 1981—2010 年日照时数统计分析,可得到贵州省"两高"沿线区域日照时数具有以下特点:

(1)年日照时数在 1 150 h 左右,呈南多北少趋势

贵州"两高"沿线区域年日照时数在 1 047.8 h(瓮安)~1 305.2 h(从江)之间,平均为 1 158.4 h 左右,区域分布大致为南部多、北部少,最大值主要在从江、罗甸、平塘、独山一带,最小值在瓮安、开阳、息烽一带(见图 2.1)。一年中以 1 月日照时数最少,在 34.4 h(息烽)~51.5 h(罗甸)之间,其次是 2 月,在 39.1 h(开阳)~60.0 h(罗甸)之间;以 8 月日照时数最多,在 147.4 h(长顺)~191.5 h(从江)之间,7 月次之,在 122.6 h(长顺)~184.3 h(三穗)之间(见表 2.1)。贵州"两高"沿线区域光能资源的年总量并不丰富,年日照时数比同纬度的我国东部地区少三分之一以上,是我国太阳辐射和日照时数最少的地区之一。

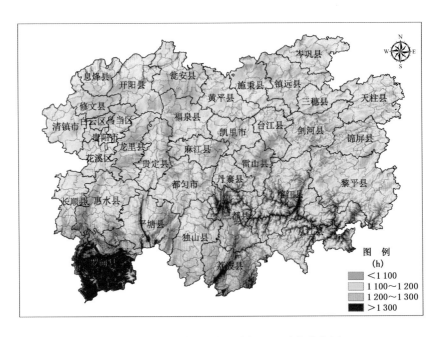

图 2.1　贵州"两高"沿线区域年日照时数分布图

表 2.1　贵州"两高"沿线区域各地月、年平均日照时数统计表　　　单位:h

所属市(州)	站名	1月	2月	3月	4月	5月	6月	7月	8月	9月	10月	11月	12月	年
贵阳市	息烽	34.4	39.8	66.6	91.9	110.1	97.5	155.4	162.7	115.8	66.0	65.6	52.4	1 058.2
	开阳	37.4	39.1	62.1	89.3	110.5	98.8	157.3	164.2	121.9	66.8	65.3	56.1	1 068.8
	清镇	42.3	52.2	83.8	106.0	121.4	101.4	152.5	164.1	123.3	76.9	76.1	64.3	1 164.3
	贵阳	37.2	45.9	74.7	93.5	107.4	87.7	135.2	152.2	117.7	70.6	70.0	57.1	1 049.2
	白云	41.2	51.8	82.0	104.3	124.1	104.5	159.1	170.2	127.0	80.9	75.7	62.0	1 182.8
	花溪	42.0	53.5	83.4	105.4	123.0	104.7	156.5	166.2	127.2	78.5	76.1	62.4	1 178.9
	乌当	42.4	51.6	85.1	105.8	122.2	106.2	160.0	172.1	133.2	79.8	76.0	62.4	1 196.8
	修文	45.6	54.3	87.9	113.2	132.4	119.0	177.9	187.3	138.0	81.1	80.2	63.0	1 279.9
黔南州	瓮安	35.5	40.4	59.1	84.1	105.6	97.2	152.5	160.0	118.0	69.0	69.2	56.9	1 047.8
	都匀	37.1	44.0	65.5	87.3	105.9	97.6	148.9	166.9	130.9	82.0	80.8	64.8	1 111.5
	福泉	38.4	43.0	64.3	88.8	110.3	100.6	155.5	170.7	128.3	79.8	77.1	63.2	1 120.0
	惠水	41.7	52.5	81.6	104.9	118.8	102.6	144.0	163.8	128.8	80.8	80.9	65.9	1 166.3
	龙里	46.7	59.1	87.0	107.7	124.4	107.1	155.3	163.6	126.5	83.9	83.7	68.8	1 213.7
	贵定	38.6	48.7	74.5	95.4	110.4	92.6	140.8	151.8	122.7	77.3	77.5	61.1	1 091.4
	长顺	41.2	49.8	78.8	101.8	111.2	89.9	122.6	147.4	116.0	73.2	76.9	65.1	1 073.9
	罗甸	51.5	60.0	86.6	114.8	130.9	114.1	154.4	179.5	143.6	95.4	90.6	73.1	1 294.5
	平塘	48.7	55.5	77.7	104.6	124.6	117.0	161.4	181.8	144.1	96.7	92.1	73.3	1 277.5
	独山	47.1	52.2	71.6	94.2	114.3	101.2	143.3	168.9	138.9	95.5	98.0	81.7	1 206.9
	三都	40.8	46.3	63.9	88.4	106.0	96.9	139.0	168.2	136.6	90.4	85.5	69.6	1 131.4
	荔波	42.5	40.3	53.6	73.5	91.6	86.9	125.1	156.3	139.3	98.3	91.5	77.6	1 076.5
黔东南州	岑巩	41.2	39.6	56.5	85.6	108.9	113.7	175.0	176.7	128.7	85.0	78.9	64.8	1 154.6
	施秉	37.9	41.8	62.4	90.9	113.9	114.5	172.1	184.8	133.7	82.8	75.9	59.6	1 170.1
	镇远	41.5	43.1	62.1	89.8	111.6	112.9	168.2	180.7	134.0	84.3	80.4	68.0	1 176.4
	黄平	39.0	41.5	61.2	89.0	117.9	114.3	176.4	186.9	136.6	86.1	81.5	65.5	1 195.9
	凯里	39.4	46.5	66.3	92.8	115.7	110.5	164.3	171.8	135.2	87.5	84.4	66.7	1 181.1
	麻江	37.5	42.3	61.5	82.5	104.7	91.4	141.5	159.4	122.5	80.6	79.7	64.9	1 068.5
	丹寨	43.9	47.2	63.7	86.6	111.9	96.7	140.5	173.0	139.5	92.5	93.7	78.2	1 167.4
	三穗	42.5	43.2	60.0	91.1	115.8	114.9	184.3	180.6	130.5	86.8	84.2	69.2	1 206.9
	台江	42.4	49.7	69.8	92.9	118.4	115.3	170.7	174.7	132.4	88.9	83.4	69.0	1 207.6
	剑河	38.5	41.8	59.6	79.9	98.9	97.2	145.1	152.2	117.3	77.4	77.2	63.4	1 048.5
	雷山	43.6	50.5	72.1	97.5	120.2	113.0	163.1	170.8	134.1	90.0	84.3	70.5	1 209.7
	黎平	41.6	40.8	53.3	84.0	109.3	107.0	167.3	167.8	128.6	94.6	90.1	80.6	1 165.0
	天柱	42.6	41.9	56.8	86.0	110.1	112.1	176.2	177.0	136.7	91.1	88.8	72.5	1 191.8
	锦屏	40.8	40.2	53.9	81.4	106.4	108.4	170.3	178.3	138.1	90.7	85.6	70.4	1 164.5
	榕江	42.1	46.4	62.4	88.2	109.7	110.4	152.2	171.4	133.3	91.6	84.7	70.6	1 163.0
	从江	45.2	48.7	64.3	94.7	121.1	122.5	179.0	191.5	147.8	107.2	99.1	84.1	1 305.2

(2)年内分布不均,呈冬少夏多分布

四季中,日照时数冬季最少,夏季最多(见图 2.2)。各季日照时数总量及其地区分布是:冬季,日照时数为 126.6 h(息烽)~184.6 h(罗甸),中南部多、北部少;春季,日照时数为 218.7 h(荔波)~333.5 h(修文),西部多、东部少;夏季,日照时数为 359.9 h(长顺)~493.0 h(从江),东部多、西部少;秋季,日照时数为 247.0 h(息烽)~354.1 h(从江),东部多、西部少。

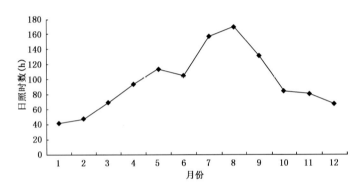

图 2.2 贵州"两高"沿线区域年内各月日照时数演变图

各地光能资源的年内分布不均,主要集中在 4—9 月,4—9 月各地日照时数达 771 h(荔波)~963 h(从江)(见图 2.3),占年总日照时数的 71%~77%,其中夏季日照时数占年总日照实数的 35%~40%。

2.1.2 太阳总辐射

太阳总辐射,也称短波辐射,是指到达地面的太阳直接辐射和散射辐射之和,在山地小气候研究中还包括来自周围地形的反射辐射。太阳总辐射是随着太阳高度角、白昼长度和当地天气状况的不同而变化的。太阳辐射是地表热量的主要来源,是大气中一切物理现象和物理过程形成、发展变化,以及地球上所有生物得以生存和繁衍的最基本的能量源泉。

通过对贵州省"两高"沿线 1981—2010 年太阳总辐射统计分析,可得到贵州省"两高"沿线区域太阳总辐射具有以下特点:

(1)年太阳总辐射在 3 500 MJ/m² 左右,西部多,中部、东部少

贵州"两高"沿线区域年太阳总辐射在 2 850~4 330 MJ/m² 之间,平均为 3 500 MJ/m²,区域分布大致为西部多,中部、东部少,最大值在罗甸、平塘、独山一带,最小值在贵定、麻江和三都、丹寨、雷山、剑河一带(见图 2.4)。一年中以 12 月太阳总辐射最少,在 106~205 MJ/m² 之间,次少是 1 月,在 115~220 MJ/m² 之间;以 7 月太阳总辐射最多,在 385~510 MJ/m² 之间,次高是 8 月,在 390~490 MJ/m² 之间。

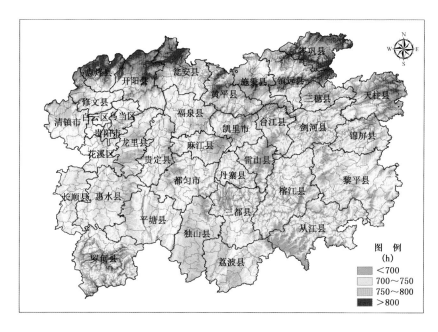

图 2.3　贵州"两高"沿线区域 4—9 月日照时数分布图

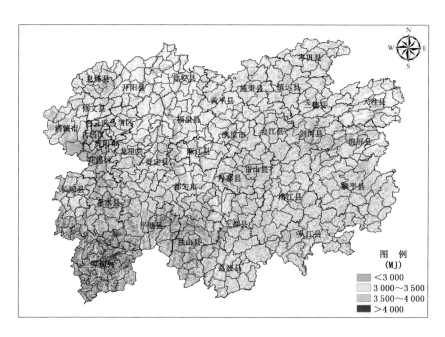

图 2.4　贵州"两高"沿线区域年太阳总辐射分布图

（2）四季分配不均，夏季占 30%～40%

各季太阳总辐射及其地区分布是：冬季，太阳总辐射在 340～695 MJ/m² 之间，是全年太阳总辐射最少的季节，区域分布是自西南向东北递减；春季，太阳总辐射在 741～1 240 MJ/m² 之间，西部多、东部少；夏季，太阳总辐射达 1 170～1 412 MJ/m²，占年太阳总辐射的 30%～40%，是太阳总辐射最多的季节，地区分布是南、北多，中间少；秋季，太阳总辐射在 595～950 MJ/m² 之间，占年太阳总辐射的 20%左右，东部多、西部少。

（3）太阳辐射随高度的增加而递减

一般情况，高山由于气层较薄，太阳辐射被削弱较少，在相同的天气条件下，高山的太阳辐射大于低坝，但在贵州"两高"沿线区域，由于阴雨天气多，高山云雾较平坝多，云雾阴雨天气对太阳辐射削弱强，所以贵州"两高"沿线区域太阳辐射常呈现出随高度的增加而递减的现象。

（4）散射辐射约占总辐射的 62%左右

太阳辐射中各地的年散射辐射在 1 755～2 400 MJ/m² 之间，散射辐射平均约占总辐射的 62%，有利于发展喜欢漫射光的作物。

2.2 热量资源

热量资源是人类社会的一种自然资源，是农业生产可以利用的热量条件。热量资源一般用温度、界限积温、无霜期等表征，它影响农作物的生理生态特性及同化、呼吸、蒸腾等各种生理过程，决定农作物的区域分布、生长期长短、种植制度等。作物维持生命活动、生长发育和繁殖后代都要求一定的温度范围。生物完成个体发育所需要的高于生物学下限温度持续期内逐日平均气温的总和为活动积温，若以高于生物学下限温度的每日平均温度减去生物学下限温度的差值求和，则称之为有效积温。

2.2.1 气温

气温是表示空气冷热程度的物理量。气象学上规定以距离地面 1.5 m 处的空气温度作为衡量各地气温的标准，我们常用的是摄氏温标，记"℃"。月、季平均气温，反映了某地气温在一年内的月际变化和季节变化；年平均气温代表某地冷暖程度的平均状况；较差，是指统计时段内某气象要素的最大变动范围。

气温是气候的基本因子之一，对农作物布局有很大影响，精确地把握各地的气温状况是发展特色农业的关键。影响气温因子分布与变化的因素很多，主要包括：宏观地理条件，海拔高度，地形（地形类别、坡向、坡度、地形遮蔽度等），下垫面性质（土壤、植被状况等），其中尤以海拔高度和地形的影响最为显著。贵州"两高"沿线区域各地的月、年平均气温及气温年较差（见表 2.2）。

表 2.2　贵州"两高"沿线区域各地月、年平均气温及气温年较差统计表　　　　单位：℃

所属市(州)	站名	1月	2月	3月	4月	5月	6月	7月	8月	9月	10月	11月	12月	年平均	年较差
贵阳市	息烽	4.1	6.0	10.1	15.3	19.2	21.8	24.2	23.6	20.3	15.4	11.0	6.1	14.8	20.1
	开阳	2.3	4.1	8.1	13.4	17.5	20.1	22.3	21.9	18.8	13.9	9.5	4.5	13.0	20.0
	修文	3.6	5.5	9.5	14.4	18.2	20.7	22.5	22.1	19.0	14.6	10.3	5.6	13.8	18.9
	清镇	4.2	6.1	10.2	15.0	18.6	21.0	22.7	22.4	19.6	15.2	11.0	6.3	14.4	18.5
	贵阳	4.8	6.7	10.8	15.8	19.4	21.8	23.6	23.4	20.6	15.9	11.8	6.9	15.1	18.8
	花溪	4.9	6.9	10.8	15.3	19.3	21.7	23.2	22.8	20.0	15.9	11.6	6.8	15.0	18.3
	乌当	4.6	6.6	10.7	15.6	19.2	21.7	23.5	23.2	20.2	15.6	11.3	6.5	14.9	18.9
	白云	3.5	5.5	9.4	14.4	18.1	20.6	21.5	22.0	19.1	14.7	10.5	6.1	13.8	18.8
黔南州	瓮安	3.1	4.9	8.9	14.3	18.3	21.1	23.1	22.6	19.4	14.7	10.2	5.3	13.8	20.0
	长顺	5.7	7.7	11.5	16.3	19.7	21.9	23.1	22.9	20.4	16.4	12.2	7.6	15.5	17.4
	福泉	4.2	6.2	10.1	15.5	19.5	22.3	24.2	23.8	20.7	15.9	11.3	6.4	15.0	20.0
	贵定	4.7	6.7	10.7	15.8	19.6	22.2	24.0	23.5	20.5	16.1	11.7	6.8	15.2	19.3
	都匀	5.6	7.6	11.5	16.7	20.6	23.2	24.9	24.7	21.8	17.2	12.7	7.8	16.2	19.3
	惠水	6.0	8.1	12.0	16.9	20.3	22.6	23.9	23.5	20.8	16.8	12.5	7.9	15.9	17.9
	龙里	4.8	6.9	10.8	15.8	19.3	21.8	23.5	22.8	19.9	15.8	11.5	6.8	15.0	18.7
	罗甸	10.4	12.6	16.4	21.2	24.0	25.9	27.0	26.7	24.5	20.6	16.3	11.9	19.8	16.6
	平塘	6.8	9.0	12.8	17.9	21.6	24.0	25.2	24.7	22.1	18.0	13.5	8.7	17.0	18.4
	独山	4.9	6.9	10.8	16.0	19.3	22.3	23.1	23.1	20.6	16.3	12.0	7.3	15.2	18.4
	三都	7.8	10.0	13.7	18.9	22.5	25.1	26.6	26.3	23.6	19.1	14.6	9.7	18.2	18.8
	荔波	8.5	10.5	14.1	19.2	22.8	25.2	26.4	26.2	23.8	19.6	15.0	10.4	18.5	17.9
黔东南州	岑巩	5.0	6.9	10.8	16.6	20.9	24.2	26.5	26.0	22.5	17.3	12.3	7.2	16.4	21.5
	施秉	5.5	7.4	11.3	16.8	20.9	24.1	26.1	25.7	22.4	17.5	12.7	7.7	16.5	20.6
	镇远	5.2	7.1	11.0	16.6	20.7	23.9	26.1	25.8	22.4	17.2	12.4	7.5	16.3	20.9
	黄平	3.7	5.6	9.6	15.3	19.6	22.6	24.8	24.2	20.8	15.8	11.1	6.1	14.9	21.1
	凯里	4.8	6.8	10.8	16.4	20.5	23.5	25.6	25.0	21.8	16.8	12.1	7.1	15.9	20.8
	麻江	3.7	5.7	9.6	15.1	19.1	21.8	23.6	23.4	20.4	15.6	11.1	6.2	14.6	19.9
	丹寨	4.0	5.9	9.7	15.1	19.2	21.8	23.7	23.4	20.8	16.0	11.6	6.6	14.8	19.4
	三穗	3.8	5.7	9.7	15.5	19.4	23.2	24.6	21.0	15.9	11.0	5.9	15.1	21.5	
	台江	4.9	6.9	10.9	16.4	20.6	23.6	25.4	24.8	21.6	16.8	12.1	7.0	15.9	20.5
	剑河	5.8	7.8	11.8	17.2	21.2	24.1	26.1	25.7	22.3	17.5	12.9	7.9	16.7	20.3
	雷山	4.7	6.9	10.8	16.1	19.9	22.6	24.5	23.8	20.7	16.3	11.7	6.9	15.4	19.8
	黎平	4.4	6.5	10.4	16.2	20.6	23.7	26.3	25.1	21.7	16.6	11.6	6.8	15.8	21.4
	天柱	4.9	6.9	10.8	16.6	21.1	24.4	26.5	25.8	22.3	17.2	12.2	7.0	16.3	21.6
	锦屏	5.5	7.5	11.3	17.0	21.3	24.6	26.7	26.2	22.8	17.7	12.7	7.6	16.7	21.2
	榕江	7.8	10.0	13.7	19.0	22.8	25.5	27.1	26.8	24.1	19.4	14.7	9.7	18.4	19.3
	从江	7.7	9.9	13.6	19.0	23.0	25.8	27.5	27.1	24.2	19.5	14.7	9.8	18.5	19.8

(1)年平均气温在 13.0～19.8 ℃之间,南部高于北部

贵州"两高"沿线区域热量较丰富。由于海拔高度不同,各地气温差别很大。各地年平均气温在 13.0～19.8 ℃之间,南部高于北部(见图 2.5),最低值在开阳、瓮安一带,最高值在罗甸和荔波、从江、榕江一带。年内平均气温变化呈单峰型(见图 2.6),各地月平均气温的最高值出现在 7 月份,最低值出现在 1 月份。就该区域大

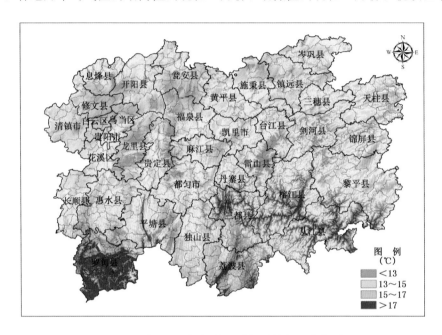

图 2.5　贵州"两高"沿线区域年平均气温分布图

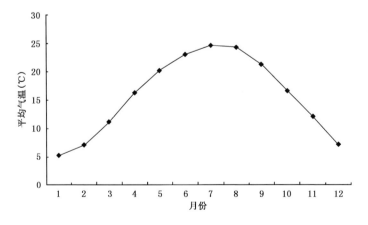

图 2.6　贵州"两高"沿线区域年内月平均气温演变图

部分地区而言,最热月(7月)平均气温为21.5 ℃(白云)~27.5 ℃(从江),东部、南部高于中部、西部(见图2.7);最冷月(1月)平均气温为2.3 ℃(开阳)~10.4 ℃(罗甸),南部高于北部(见图2.8)。

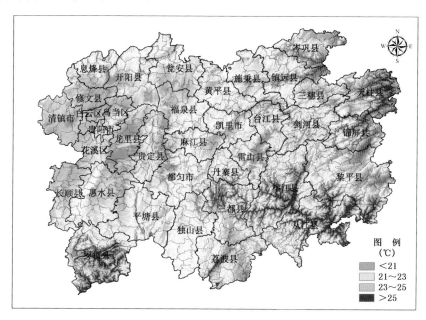

图2.7 贵州"两高"沿线区域7月份平均气温分布图

(2)四季分明,冬无严寒,夏无酷暑

气候学上以候平均气温(每5日的平均气温)作为季节的划分标准:候平均气温高于22 ℃的时期为夏季,低于10 ℃为冬季,介于二者之间的为春季和秋季。贵州"两高"沿线区域大部分地区的气候四季分明,以贵阳市为例:四季中以冬季最长,冬季平均开始日为11月21日,平均终止日为3月5日,共约105 d;春季次之,平均开始日为3月6日,平均终止日为6月15日,共约102 d;夏季较短,平均开始日为6月16日,平均终止日为9月5日,共约82 d;秋季最短,平均开始日为9月6日,平均终止日为11月20日,共约76 d。

贵州"两高"沿线区域各季平均气温及其地区分布是:冬季平均气温为3.6 ℃(开阳)~11.6 ℃(罗甸),南部高于北部;春季平均气温为13.0 ℃(开阳)~20.5 ℃(罗甸),南部高于北部;夏季平均气温为21.4 ℃(开阳)~26.5 ℃(罗甸),东部、南部高于西北部;秋季平均气温为14.1 ℃(开阳)~20.5 ℃(罗甸),南部高于北部。

全年极端最高气温在33.4 ℃(白云)~40.1 ℃(镇远)之间,极端最低气温在-9.7 ℃(花溪)~-1.8 ℃(罗甸)之间,高于35 ℃和低于-5 ℃出现天数均很少。

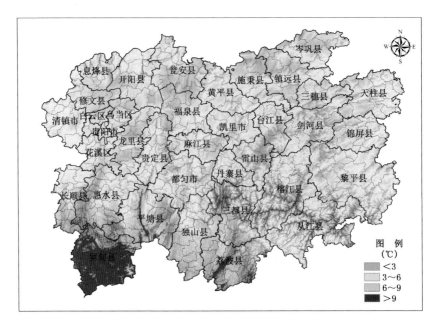

图 2.8　贵州"两高"沿线区域 1 月份平均气温分布图

虽然各地年平均气温存在较大差异,但大部分地区气候温和,高寒气候或温热气候仅限于海拔较高区域或低洼河谷的少数区域。

(3)气温年较差为 16.6~21.6 ℃,自西南向东北递增

各地气温年较差为 16.6~21.6 ℃,自西南向东北递增,最小值在罗甸,最大值在天柱。气温的月、季变化具有南部升温早而快,特别是春季气温起伏较大,升温快,夏季南部有酷热,时间长,7 月份南部边缘罗甸、榕江、从江等县平均气温在 27.0 ℃及其以上,从江达 27.5 ℃,是全省气温最高的区域之一,其他大部分地方酷热时间短。秋季降温幅度大,冬季,受静止锋持续影响,在中部以北一线,易形成长时间的低温雨雪凝冻天气,其中尤以雷公山、开阳最为严重。

气温年、日较差的大小,对农牧业生产有较大的影响。气温年较差小,冬季气温不太低,在一定高度以下越冬作物能够顺利过冬,可以大面积种植冬小麦、油菜等粮食和油料作物,以及果树类经济作物。气温日较差大,白天气温高,有利于植物进行光合作用;夜间温度低,可以减少植物的呼吸损耗,利于植物营养物质的积累。

(4)气温随高度增加而减小

气温随海拔高度的升高而降低,平均海拔高度每上升 100 m 气温降低 0.55~0.65 ℃。由于贵州"两高"沿线区域地势高低悬殊,气温随高度变化较大:海拔 300~400 m 及以下是高温区,年平均气温≥17.0 ℃;海拔 400~700 m 是次高温区,年平

均气温 15.0～17.0 ℃；海拔 700～1 200 m 是次低温区，年平均气温 13.0～15.0 ℃；海拔在 1 200 m 以上是低温区，年平均气温≤13.0 ℃。

2.2.2　日平均气温稳定通过 0 ℃的初、终日间隔日数及其积温分布

日平均气温稳定大于 0 ℃的时期为适宜农耕期，其初日和终日与土壤结冻日和解冻日相近。因此，一年内日平均气温稳定大于 0 ℃的时期代表一个地方广义的可能生长期或生长季（即适宜农耕期）。

贵州"两高"沿线区域日平均气温稳定通过 0 ℃的初、终日间隔日数，大部分在340～360 d 之间，平均为 350 d，南部和东部多于西北部及中部高海拔区域，南部、东部边缘低海拔区域达 360～364 d，西北部高海拔区域有 317～330 d。初、终日间隔日数，大部分地区在 350 d 左右。

≥0 ℃活动积温大部分为 5 500～6 500 ℃·d，平均为 5 763 ℃·d，南部边缘海拔较低区域为 6 500～7 234 ℃·d，最高为罗甸的 7 234 ℃·d，西北部及中部高海拔地区在 4 810～5 500 ℃·d 之间，最低为开阳的 4 810 ℃·d，最高、最低几乎相差 1倍。总体来看，≥0 ℃活动积温南部、东部海拔较低的温热区域多于西北部及中部高海拔地区（见图 2.9）。

2.2.3　日平均气温稳定通过 10 ℃的初、终日间隔日数及其积温分布

日平均气温稳定大于 10 ℃的时期为越冬作物生长活跃期和喜温作物生长活动期，其初日是喜温作物开始播种和生长的临界温度，也是喜凉作物迅速生长、某些多年生作物开始较快地积累干物质的温度。

贵州"两高"沿线区域日平均气温稳定通过 10 ℃的初、终日间隔日数，大部分地方为 220～260 d，南部边缘及东部边缘河谷地区为 260～280 d，西北部高海拔地区为180～220 d，总体分布为南部和东部多于西北部及中部高海拔区域。≥10 ℃活动积温大部分地区为 4 500～6 000 ℃·d，西南部海拔较低区域为 6 100～6 950 ℃·d，西北部及中部高海拔地区为 4 200～4 400 ℃·d。总体来看，南部多于北部及中部高海拔地区（见图 2.10）。

2.2.4　无霜期

霜期，是指上一年秋季日最低气温≤0 ℃开始日至翌年春季日最低气温≤0 ℃终止日之间的日数。霜期越短，则无霜期越长，表明该区域农作物的越冬条件越好。

贵州"两高"沿线区域冬季最冷月（1 月）平均气温大部分地方在 4～9 ℃之间，最低为开阳的 2.3 ℃，最高为罗甸的 10.4 ℃，各地秋、冬、春季节有不同程度的霜冻现象，但各地霜冻的初日、终日间隔短，各地无霜期较长，在 260～335 d 之间，西北部无霜期小于 260 d，南部边缘及东部边缘河谷地带在 335 d 以上，说明该区域具有较好的越冬热量条件。南部边缘及东部边缘河谷地带有许多年份的日最低气温都在 0 ℃

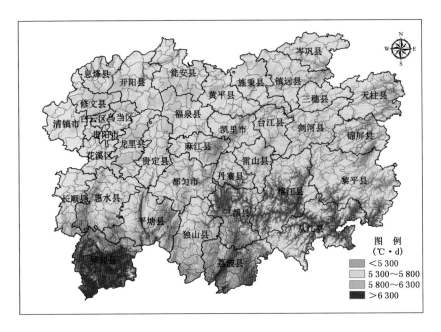

图 2.9　贵州"两高"沿线区域≥0 ℃活动积温分布图

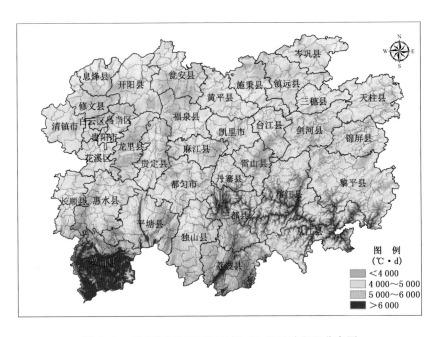

图 2.10　贵州"两高"沿线区域≥10 ℃活动积温分布图

以上,冬季相当暖和,越冬作物很少遭受冻害。

2.2.5　气候带

日平均气温是否达到 10 ℃,对自然界的第一性生产具有极为重要的意义,以日平均气温稳定≥10 ℃期间的积温作为温度带划分的主要指标(见表 2.3)。按《中国气候区划新方案》(郑景云 等,2010)和农业气候资源相似的原理,在区内海拔 147.8 m(黎平县地坪乡水口河)~2 178 m(雷公山)之间可分为 4 个热量层(见图 2.11),即贵州"两高"沿线区域可划分为 4 个气候带。

表 2.3　贵州"两高"沿线区域气候带划分指标

带别	海拔高度 (m)	≥10 ℃ 积温 (℃・d)	最冷月 平均气温 (℃)	年极端 最低气温 (℃)	植被	土壤	农业
南亚热带	300~500	6 000~ 7 500	10~15	−5~−2	河谷、山地季雨林,偏干性常绿阔叶林	黄红壤	双季水稻、油菜、龙眼、荔枝、甘蔗
中亚热带	400~500 800~1 200	4 500~ 6 000	4~10	−10~−5	东部为偏湿性常绿阔叶林,西部为偏干性常绿阔叶林	黄壤	稻麦、油菜、茶、油桐、椪柑
北亚热带	800~1 200 1 500~1 800	3 400~ 4 500	2~4	−20~−10	偏干性常绿阔叶落叶林	黄壤、黄棕壤	油桐、茶树、板栗、核桃
暖温带	1 800~ 2 000	2 500~ 3 500	0~2	−20~−13	落叶阔叶林、中山灌丛草地	黄棕壤、山地草甸土	洋芋、甜菜、苹果、梨

引自:《贵州省农业气候区划》编写组,1989

2.3　水分资源

水分的来源较广,主要有大气降水、地表水和地下水等。这里所说的水分资源仅指大气降水。下面主要分析贵州"两高"沿线区域的降水量、雨季、雨日等。

2.3.1　降水量的季节分布和区域分布

降水是指以雨、雪、霰粒、冰雹等形式从云中降落到地面的液态或固态的水。降水量是指从天空降落到地面上的液体或固体(经融化后)降水,未经蒸发、渗透、流失而积聚在水平面上的水层深度,以毫米(mm)为单位表示。月和年降水量是指月和

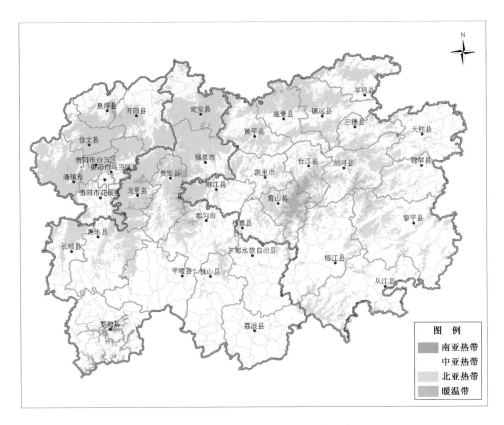

图 2.11 贵州"两高"沿线区域气候带分布图

年降水总量。降水量是一个离散的气候要素,在地面上的分布极不均匀,受距海远近(经度)、纬度、海拔高度以及坡度、坡向等因素的影响。

(1)年平均降水量在 1 175 mm 左右,中部、南部多于北部

贵州"两高"沿线区域各地多年平均年降水量大部分地区在 1 008~1 406 mm 之间(见图 2.12),最多值年份为 1 406 mm,最少值年份在 1 010 mm 以下。年降水量地区分布的总体趋势是中部以南以东多于北部,多雨区在中部的都匀、丹寨、三都,东部的锦屏、黎平、天柱,以及西部的长顺;少雨区在潕阳河流域的施秉、镇远一带。少雨区的年降水量在 1 000~1 100 mm 之间。因此,对各地而言,常年雨量是充沛的,但降雨的季节分配非常不均匀。年内月降水量变化呈单峰型(见图 2.13),峰值在 6月,最少是 12 月。贵州"两高"沿线区域各地月、年降水量统计值见表 2.4。

(2)降水季节分布不均

从降水的季节分布看,一年中的大多数雨量集中在夏季(6—8 月),各地降水量

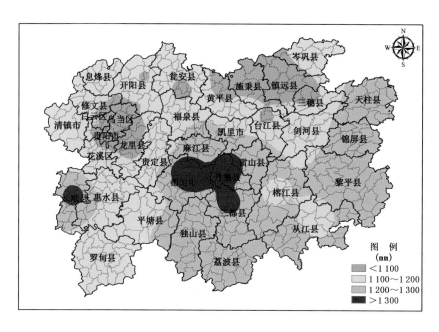

图 2.12　贵州"两高"沿线区域年降水量分布图

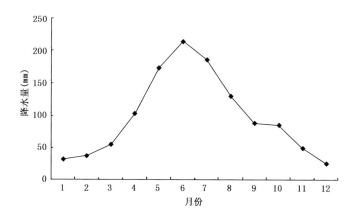

图 2.13　贵州"两高"沿线区域年内各月降水量演变图

在 405～710 mm 之间,占年降水量的 46% 左右,其中:中部、西部雨量多,总雨量在 500～710 mm 之间;东部及北部边缘雨量较少,总雨量在 405～500 mm 之间。常年可满足大季作物的需水量,但夏季降水量的年际变率大,东部区域常有夏旱发生。春季(3—5 月)为降水量次多季节,各地常年总降水量在 270～415 mm 之间,占年降水量的 27% 左右,东部多于西部,西部易出现春旱。冬季(12 月—翌年 2 月)为降水最

表 2.4　贵州"两高"沿线区域各地月、年降水量统计表　　　　单位:mm

所属市(州)	站名	1月	2月	3月	4月	5月	6月	7月	8月	9月	10月	11月	12月	年
贵阳市	息烽	25.9	24.4	36.8	86.6	145.9	177.9	201.0	116.3	94.1	97.0	42.5	22.2	1 070.6
	开阳	38.5	38.2	53.0	98.2	155.4	179.3	184.5	122.2	103.1	104.3	54.3	30.6	1 161.6
	修文	26.3	25.9	37.3	89.5	154.1	193.6	198.9	126.2	107.4	93.0	42.1	20.2	1 114.5
	清镇	24.1	24.2	33.8	86.5	157.1	226.9	207.2	134.7	97.1	87.0	42.8	20.5	1 141.9
	贵阳	20.9	22.8	34.9	83.5	154.5	200.5	187.8	132.9	83.9	88.7	42.7	19.7	1 072.4
	白云	24.7	25.9	37.1	96.1	166.6	211.0	209.1	129.3	91.0	93.6	42.7	20.8	1 147.9
	花溪	23.8	25.6	36.4	83.3	155.4	209.7	202.8	126.0	95.0	85.5	41.3	19.9	1 104.7
	乌当	23.8	25.5	35.5	85.6	148.6	203.7	188.6	133.9	82.2	91.5	44.1	20.4	1 083.4
黔南州	都匀	36.2	42.7	56.3	118.2	192.5	279.2	242.4	158.7	99.9	96.8	57.7	25.4	1 406.0
	长顺	24.5	27.6	44.3	83.9	197.7	276.3	253.7	179.8	103.1	90.3	46.9	18.9	1 347.0
	福泉	31.4	33.6	54.5	100.5	170.3	206.9	170.1	130.9	95.6	80.7	47.8	24.6	1 146.9
	贵定	24.4	26.4	42.3	89.0	157.2	202.8	180.5	138.9	97.1	85.6	44.3	20.8	1 109.3
	惠水	19.5	23.5	37.9	76.0	186.4	237.9	219.5	140.3	94.8	83.6	42.2	16.1	1 177.7
	龙里	22.0	23.1	40.5	84.7	152.0	207.4	190.3	122.7	91.5	84.8	39.4	18.9	1 077.3
	罗甸	17.3	24.4	37.6	85.8	185.3	250.5	190.3	128.6	84.3	65.3	40.5	14.9	1 124.8
	平塘	25.7	32.2	50.5	100.7	188.5	215.5	192.8	122.8	91.9	73.4	43.7	20.6	1 158.1
	独山	35.1	43.7	60.2	110.7	200.0	231.7	215.9	146.8	96.2	78.0	47.4	24.9	1 290.0
	三都	32.1	40.7	58.5	111.9	206.5	267.1	211.5	154.2	89.3	79.0	49.9	25.4	1 326.1
	荔波	26.2	34.7	45.7	94.9	161.9	253.2	214.2	176.2	86.7	60.6	36.7	20.9	1 211.9
	瓮安	29.2	32.5	47.0	95.6	150.3	183.3	179.8	128.6	86.6	88.2	45.4	24.6	1 091.1
黔东南州	岑巩	36.6	40.7	68.9	111.4	168.6	185.4	150.3	123.7	78.8	86.9	55.1	30.3	1 136.7
	施秉	25.4	34.6	55.3	105.4	148.1	173.7	138.6	92.9	84.5	81.0	45.5	22.8	1 007.8
	镇远	30.2	35.8	59.7	107.6	160.7	179.8	144.0	98.7	84.3	76.8	48.9	24.9	1 051.4
	黄平	32.3	37.2	59.6	105.7	165.7	185.3	145.8	115.1	84.1	87.4	47.5	24.6	1 090.3
	凯里	35.3	37.5	60.5	111.5	175.9	210.0	184.8	119.7	79.7	86.9	50.1	27.1	1 179.0
	麻江	40.8	42.2	62.4	105.9	185.7	240.9	220.9	121.5	104.8	95.5	59.2	29.8	1 309.6
	丹寨	38.2	47.5	65.5	122.0	190.6	260.4	236.4	136.4	100.0	88.1	56.1	26.3	1 367.5
	三穗	35.4	41.7	69.0	108.5	157.7	157.7	144.9	123.0	68.7	77.4	55.8	29.7	1 069.2
	台江	33.6	37.3	58.9	106.6	163.8	180.5	139.0	134.4	80.6	82.3	53.8	25.9	1 096.7
	剑河	37.3	44.1	59.2	118.7	170.4	206.2	172.3	124.8	69.5	82.8	53.9	25.2	1 164.4
	雷山	34.9	46.1	60.8	115.3	191.0	261.0	188.0	134.6	85.6	87.9	53.8	25.7	1 284.7
	黎平	59.1	69.5	97.1	131.8	185.5	219.9	152.4	120.1	71.9	92.5	59.6	42.7	1 302.1
	天柱	52.4	60.6	83.9	126.0	192.8	204.6	161.0	129.6	75.9	85.7	63.0	39.6	1 275.1
	锦屏	54.9	69.8	82.0	131.3	192.2	214.0	153.1	120.1	76.2	88.5	62.5	38.4	1 283.0
	榕江	41.5	44.2	68.1	101.7	191.5	220.5	167.6	122.9	73.9	73.5	47.7	27.5	1 180.4
	从江	41.6	51.0	68.2	109.2	191.4	211.3	172.3	117.0	76.0	67.5	49.6	31.1	1 186.2

少的季节,各地总降水量在 57~172 mm 之间,占年降水量的 7％左右,东部多、西部少,西部常出现干冬。秋季(9—11 月)为降水次少的季节,各地总降水量在 184~262 mm 之间,占年降水量的 20％左右,西北部和中部多,东部和南部边缘少,秋季多阴雨天气。

2.3.2　雨季和雨日

雨季:指 3 月入春之后,若某个测站滑动 5 天总降水量大于该站的多年旬平均降水量,则可初步判断该站进入了雨季,这 5 天中的最后一天为雨季开始期。

雨日:凡日降水量≥0.1 mm,算 1 个雨日。一般统计月、年总降水日数。

(1)3 月下旬至 5 月上旬自东向西先后进入雨季

贵州"两高"沿线区域,各地雨季(4—10 月)降水量为 825~1 190 mm(见图 2.14),占全年降水量的 76％~88％,各地降水量均能满足作物生长季的需要。雨季开始的最早日期出现在东部的黎平、锦屏,一般在 3 月下旬开始进入雨季,黔东南州大部、黔南州大部一般在 4 月上半月进入雨季,贵阳市、黔南州西部一般在 4 月下半月进入雨季,西部的长顺、清镇、修文等地在 5 月上旬才进入雨季(见图 2.15),雨季平均终止日在 10 月下旬。

(2)年降水日数为 175 d 左右,中西部多于东部、南部

贵州"两高"沿线区域年降水日数为 142~203 d,地理分布是中西部多于东部、南

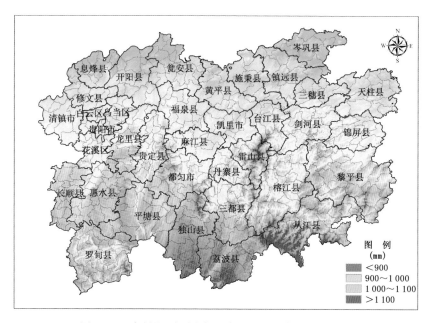

图 2.14　贵州"两高"沿线区域 4—10 月降水量分布图

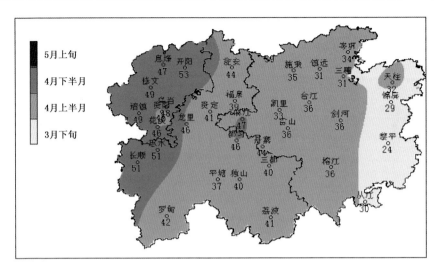

图 2.15　贵州"两高"沿线区域雨季开始期分布

部(见图 2.16),最多为贵阳的开阳,年降水日数达 203 d 左右,其次为修文 195 d,黔东南的麻江、丹寨等地可达 190 d 以上;最少为黔南的罗甸,为 142 d,其次为荔波155 d。

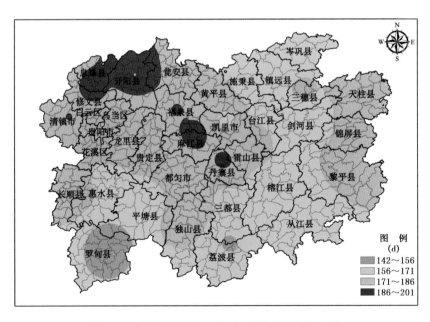

图 2.16　贵州"两高"沿线区域年降水日数分布图

夜雨多也是该区域的一个特色,大部分地区全年夜间降水日数为 100～130 d,占年降水日数的 60%～65%,各地夜雨降水量占全年总降水量的 80% 左右。其原因是在春夏季节,入侵的冷空气多在傍晚和夜间开始影响,给夜间带来充沛的水汽,加之本区地形崎岖,冷空气容易受阻,形成新生云层,而夜间云顶辐射冷却,有利于空气对流,也是造成夜雨较多的原因之一。

2.4　农业气候资源的主要特征

太阳辐射是农作物通过光合作用形成生物质的最基本的能量,在太阳总辐射中占 41%～50% 的可见光部分为光合有效辐射,可以被农作物直接吸收。贵州"两高"沿线区域属于寡照地区,日照年内分布不均匀,夏半年的光照条件明显优于冬半年,尤其是 5—9 月的日照条件最佳,对作物的生长发育及产量形成具有重要作用。该区热量较丰富,由于海拔高度不同,各地气温差别很大。大部分地区气候温和,高寒气候或温热气候仅限于海拔较高区域或低洼河谷的少数区域。大多数地方具备一年两熟的热量条件,其中南部低海拔地区还具备一年三熟的热量条件。各地多年平均年降水量为 1 000～1 410 mm,是雨水较多的地区之一,降水强度不算很大,水分的有效性较高。

贵州"两高"沿线区域的主要气候特点概括为以下特征:立体农业气候资源显著,农业气候资源类型多样;热量丰富,降水充沛,光热水同季,夜雨较多;阴雨天气多,光照少,湿度大,风速小;四季分明,气候温和,冬无严寒,夏无酷暑,无霜期较长;散射辐射、光合有效辐射和紫外线较多。

2.4.1　立体农业气候资源显著

贵州"两高"经过的贵阳、黔南、黔东南三市(州),分别位于贵州的中部、南部、东南部,地处低纬高原山区,地势高低悬殊,境内地势西高东低,贵阳高,向东、南面倾斜,南部苗岭横亘,主峰雷公山海拔 2 178 m;而黔东南州的黎平县地坪乡水口河出口处,海拔高度为 147.8 m,为境内最低点,海拔高度相差 2 000 m 以上,各地相对高差也多为 300～600 m,有的可达 1 000 m 以上。

气候要素因海拔的不同而有明显的变化,一般是随着海拔升高温度降低,而降水量增加,风速增大。例如:罗甸海拔 400 m,年平均气温为 19.8 ℃,≥10 ℃ 积温为 6 951 ℃·d;开阳海拔 1 300 m,年平均气温为 13.0 ℃,≥10 ℃ 积温 4 206.0 ℃·d。又如,雷公山山麓海拔 680 m,年平均气温 16.1 ℃,山顶海拔 2 178 m,年平均气温 9.0 ℃,年降水量由山麓的 1 200 mm 增加到山顶的 1 700 mm。又如:贵阳海拔高度 1 223.8 m,年太阳总辐射为 3 470 MJ/m² 左右,年平均气温 15.1 ℃,年平均绝对湿度 14.3 hPa;黔东南州的锦屏县海拔高度 343 m,年太阳总辐射 2 920 MJ/m² 左右,年平均气温 16.7 ℃,年平均绝对湿度 17.6 hPa。后者比前者海拔低 880.8 m,年太阳辐射比贵阳少 550 MJ/m² 左右,年平均气温高 1.6 ℃,7 月平均气温高 3.1 ℃,1 月平均气温高 0.7 ℃。贵阳的气候特点是冬暖夏凉,锦屏则是冬暖夏热。由于光、热、水等要素垂直分布差异较大,因此,立体农业气候资源显著。在水平距离不大但坡度较陡的地区,立体农业气候特征更明显,山上山下冷暖悬殊,群众中广为流传"一山有四季,十里不同天"的说法;在同一天气系统,由于所处部位不同,其天气表现很不一致,常常有"坝上晴,半山阴,爬上坡顶雨纷纷"的现象,充分说明了贵州山区垂直气候的差异性。

2.4.2　农业气候资源类型多样

由于贵州"两高"沿线山区地势复杂,下垫面类型丰富,海拔高度相差悬殊,温度相差较大,各地气候差异较大,导致农业气候资源类型多种多样。在水平方向上具有南亚热带、中亚热带、北亚热带、暖温带等 4 种气候类型;在高大山体,垂直方向上还存在着温热、温暖、温凉、寒冷等若干气候层;在每个气候区、地区甚至县、乡(镇),也存在着平坝、半山、高山等不同气候条件。地势地貌错综复杂,导致农业气候资源类型多种多样。

2.4.3　热量丰富,降水充沛,光热水同季,夜雨较多

贵州"两高"沿线区域热量较丰富,雨量充沛。各地年平均气温在 13~20 ℃之间,≥10 ℃积温为 4 200~6 950 ℃·d;年降水量在 1 000~1 410 mm 之间。光、热、水同季。冬季温度最低,降水量和日照时数分别仅占年总量的 5% ~ 13% 和 12%~15%;春季温度迅速回升,降水量和日照时数也增加,分别占年总量的 24% ~32% 和 20% ~27%;至夏季温度最高时,降水量和日照时数也达到最高值,分别占年总量的38%~53% 和 34%~40%;至秋季温度下降时,降水量和日照时数也相应减少,分别占年总量的 15%~22% 和 23%~31%。在作物生长季内(4—9 月),降水量和日照时数也达到最高值,分别占年总量的 68%~82% 和 71%~77%。夜雨多也是该区域的一个特色,大部分地区全年夜间降水日数为 100~130 d,占年降水日数的 60%~65%。

2.4.4　阴雨天气多,光照少,湿度大,风速小

由于受静止锋的影响,贵州"两高"沿线区域阴雨天气多,大部分地区年阴天日数为 175~235 d,年降水日数在 142~203 d 之间,比同纬度的我国东部地区多 30 d 以上,各地月降水日数在 8~19 d 之间。由于阴雨天气多,云层厚,贵州"两高"沿线区域太阳总辐射和日照时数少,大部分地区年总辐射为 3 590 MJ/m²,年日照时数为1 048~1 305 h,年日照时数比同纬度的我国东部地区少三分之一以上,是我国太阳辐射和日照时数最少的地区之一。该区域,水分来源丰富,降水量和降水日数较多,湿度大,年平均相对湿度在 80% 左右,最大的达 84%,最小的达 76%,而且地区间差

异和不同季节之间的变幅较小,各地湿度值之大以及年内变幅之平稳,是同纬度的我国东部平原地区所少见。贵州"两高"沿线区域为典型的丘陵山区,由于山体阻挡和下垫面的摩擦作用,风速较小,年平均风速多为 1.0～2.5 m/s。

2.4.5　气候温和,四季分明,夏无酷暑,冬无严寒,无霜期较长

贵州"两高"沿线区域全年日平均气温都在 0 ℃以上,≥10 ℃日数为 240～270 d,无霜期为 260～335 d;最冷月(1月)平均气温为 2.3～10.4 ℃,最热月(7月)平均气温为 22.3～27.5 ℃;各地冬季平均气温为 3.6～11.6 ℃,春季为 13.0～20.5 ℃,夏季为 21.4～26.5 ℃,秋季为 14.1～20.5 ℃。大部分区域的气候四季分明,以冬季最长,春季次之,夏季较短,秋季最短。这种温和湿润、夏无酷暑、冬无严寒、无霜期较长的生态气候条件,使农作物和大多数牧草、林木可全年生长发育,夏季除南部边缘外,基本无高温危害,冬季冻害较轻。温和湿润的农业气候条件,有利于种植业增加复种指数,为高产、优质、高效的特色农业发展提供了优越的自然环境条件。

2.4.6　散射辐射、光合有效辐射较多

贵州"两高"沿线区域太阳总辐射的最大特点是散射辐射占总辐射的比例特别大,一般占 61%～63%,最少的也占 55%。大部分地区日平均气温≥10 ℃期间的光合有效辐射为 1 256～1 465 MJ/m²,比我国大部分地区略少。由于散射辐射多,长波光的比例大,光合有效辐射值多,易被作物吸收进行光合作用,对作物光合成有利。同时,阴雨天多,光照柔和,湿度较大,为喜阴湿、忌烈日的植物和作物生长发育提供了独特的生态气候条件,有利于发展名、优、特、稀特色农业。

2.5　结论

(1)贵州"两高"沿线区域年日照时数在 1 048～1 305 h 之间,年太阳辐射总量为 2 850～4 330 MJ/m²,光能资源的年总量并不丰富,是我国太阳辐射和日照时数最少的地区之一。各地光能资源的年内分布不均匀,光能资源主要集中在 4—9 月,各地日照时数达 771～963 h,占年总日照时数的 71%～77%,其中夏季日照时数占年总日照时数的 35%～40%,能充分满足作物生育期的光照需要。

(2)贵州"两高"沿线区域热量较丰富,年平均气温在 13～20 ℃之间,≥10 ℃积温大部分地区为 4 500～6 000 ℃·d。由于海拔高度不同,各地气温差别很大。大部分地区气候温和,高寒气候或温热气候仅限于海拔较高区域或低洼河谷的少数区域。无论是生长季的热量条件还是越冬期间的热量条件,均能满足不同作物生长需要。

(3)贵州"两高"沿线区域常年雨量充沛,但时空分布不均。各地多年平均年降水量大部分地区在 1 000～1 300 mm 之间,最多值接近 1 406 mm,最少值约为 850 mm,是雨水较多的地区之一。年降水量地区分布的总体趋势是中部以南多于北部,

多雨区在中部的都匀、丹寨、三都,西部的长顺,东部的黎平;少雨区在潕阳河流域的施秉、镇远一带。少雨区的年降水量在1 000～1 100 mm之间。因此,对各地而言,多数年份的雨量是充沛的。从降水的季节分布看,一年中的大多数雨量集中在夏季,但夏半年降水量的年际变率大,东部区域时有干旱发生。

(4)"两高"沿线地处贵州中部和东南部,位于副热带东亚大陆的季风区内,属于亚热带湿润温和型气候,主要的农业气候资源特点是:立体农业气候资源显著,农业气候资源类型丰富多样;热量丰富,降水充沛,光热水同期,夜雨较多;阴雨多,光照少,湿度大,风速小;气候温和湿润,无霜期较长;散射辐射、光合有效辐射较多。

总之,贵州"两高"沿线区域的农业气候资源丰富,但存在地区差异,要遵循农业气候资源规律,开展"两高"沿线特色农产品、优势农产品的试验研究,充分利用气候优势资源,建立合理、高效的种植制度,保护和改善农业生态环境,促进农业可持续发展。

参 考 文 献

谷晓平,袁淑杰,吴战平,等.2009.贵州省山地气候要素分布式研究[M].北京:气象出版社.

《贵州省农业气候区划》编写组.1989.贵州省农业气候区划.贵阳:贵州人民出版社.

国效宁.2013.广东省农业气候资源特点及主要气象灾害分析[J].广东农业科学,(6):181-185.

罗怀良.2000.四川洪雅县农业气候资源的开发利用[J].资源开发与市场,16(1),40-42.

吴俊铭,谷晓平,徐丹丹.2005.论贵州农业气候资源优势及其利用[J].贵州气象,29(3):3-5.

肖卫平,邓见英,蔡海朝,等.2011.湘中山区农业气候资源利用研究[J].安徽农业科学,39(30):18 824-18 826.

许炳南,吴俊铭,姚檀桂,等.1992.贵州气候与农业生产[M].贵阳:贵州科技出版社.

袁淑杰,缪启龙,谷晓平,等.2009.贵州高原起伏地形下太阳直接辐射的精细分布[J].自然资源学报,24(8):1 432-1 438.

袁小康,谷晓平.2012.贵阳市太阳能资源评估分析[J].贵州农业科学,40(8):108-109.

袁小康,谷晓平,王济.2011.中国太阳能资源评估研究进展[J].贵州气象,35(5):1-4.

郑景云,卞娟娟,葛全胜,等.2013.1981—2010年中国气候区划[J].科学通报,58(30):3 088-3 099.

郑景云,尹云鹤,李炳元.2010.中国气候区划新方案[J].地理学报,65(1):3-12.

中国科学院自然区划工作委员会.1959.中国气候区划(初稿)[M].北京:科学出版社:1-297.

中央气象局.1979.中华人民共和国气候图集[M].北京:地图出版社:222-223.

第 3 章　蓝莓农业气象观测试验

蓝莓(*Vaccinium* sp.)又称越橘或蓝浆果,杜鹃花科(*Fricaceae*)越橘亚科越橘属多年生果树,落叶或常绿灌木。兔眼蓝莓为其中一个品种,树高一般为 2～6 m,近于小乔木,是所有蓝莓栽培种类中树体最为高大的一类。蓝莓果实圆形,深蓝色,单果重 0.5～3 g,具有独特浓郁的香气,味道酸甜适度,营养价值极高。据研究表明,鲜果中除含有常规的蛋白质、脂肪、碳水化合物等营养元素外,还富含 VE、VA、VB、果胶、SOD、熊果甙、花青素、烟酸、类胡萝卜素等果品中少有的特殊成分及丰富的矿质元素,被人们誉为"世界浆果之王"。

蓝莓营养成分丰富,具有独特的保健功能。在我国古代医学的书籍中,有很多关于越橘入药的记载。而现代欧洲、美国对蓝莓的营养保健功能也进行了大量研究。特别是在蓝莓的抗氧化防衰老、改善记忆和视力、消炎抗菌、治疗心血管疾病等方面。可以说,蓝莓是集药用、保健、食用、观赏于一体的绿色水果,具有广泛的开发前景。

蓝莓原产于美国大西洋沿岸各州和加拿大东南部。目前,美国、加拿大、波兰、荷兰、挪威等国家在蓝莓的育种、栽培、加工、物流等方面已经取得突出成就,新西兰、智利、日本等国家近些年也对栽培这种果树表现出浓厚的兴趣。在我国,蓝莓的商业栽培区从东北的黑龙江到西南的云南省已经超过了 10 个省份。

我国对于蓝莓的引种工作是从 20 世纪 80 年代开始的。贵州省植物园于 20 世纪 90 年代末开始开展蓝莓的相关引种驯化和应用栽培技术的研发工作。2000 年,贵州省麻江县果品办公室从发展特色农业出发,引种兔眼蓝莓并进行栽培试验。目前贵州省已有 15 个以上县市开展了蓝莓引种栽培试验示范和推广应用。

3.1　试验区概况及观测方法

3.1.1　试验区概况

麻江县地处贵州省中部,清水江上游,是黔东南苗族侗族自治州西大门,位于 $107°18'～107°53'$ E,$26°17'～26°37'$ N 之间。全县面积 1 222.2 km²,境内地势西高东低,西高东低,处于云贵高原向湘桂丘陵过渡的斜坡地带。全县以山地为主,平均海拔高度为 984 m,县内最低海拔 576 m,最高海拔 1 862 m。麻江县属于亚热带季风湿润气候区,冬无严寒,夏无酷暑,雨量充沛,四季分明,年平均气温 14～16 ℃,1 和 2 月平均气温分别为 3.8 和 5 ℃。年降水量为 1 200～1 500 mm,空气相对湿度为 80％左右,无霜期为 270～301 d。

3.1.2　试验样地设置

在黔东南州的麻江县、黔南州的独山县选取不同海拔高度、不同经纬度的 14 个蓝莓试验样地进行物候、受灾情况观测,样地内所种植的蓝莓品种相同,树龄相近,且均为成熟果林。样地基本情况见表 3.1。观测基地实景见图 3.1。

表 3.1　样地基本情况

编号	样地名	经度（°E）	纬度（°N）	海拔高度（m）	坡向	树龄（a）	品种
1	宣威镇光明村龙崩上	107.725 1	26.379 1	806	南坡	5	兔眼
2	宣威镇光明村七棵敦蓝天下	107.748 6	26.360 1	788	北坡	3	兔眼
3	宣威镇比户村如意龙康	108.183 3	26.583 3	821	平地	4	兔眼
4	宣威镇光明村龙崩下	107.724 7	26.377 0	740	南坡	3	兔眼
5	龙山乡改江村毛栗山	107.743 5	26.422 0	725	南坡	3	兔眼
6	龙山乡干桥村蚂蚁坟	107.714 6	26.417 8	769	南坡	3	兔眼
7	麻江县杏山镇大草坪	107.598 4	26.471 2	1 058	平地	3	兔眼
8	麻江县碧波乡向塘村	107.640 3	26.573 2	944	南坡	2	兔眼
9	麻江县碧波乡沙坝冲	107.629 5	26.567 6	886	南坡	2	兔眼
10	独山县上司镇高司组	106.716 0	26.572 7	1 066	南坡	4	兔眼
11	龙山镇沙木林	107.752 3	26.409 9	713	南坡	3	兔眼
12	宣威镇陈家山	107.748 7	26.373 6	719	南坡	7	兔眼
13	清远园林	107.744 7	26.368 5	752	南坡	3	兔眼
14	宣威镇铁倘村	107.783 5	26.362 6	728	平坡	3	兔眼

3.1.3　观测时间及方法

（1）野外观测

在每个观测点样地内分别选取树龄相近、品种相同的蓝莓果树。每个样点选择 3～5 棵果树(具体情况视基地种植情况而定),进行物候期、生长特征、受灾情况的观测,物候期记录叶芽萌动期、展叶期、初果期、盛果期、初熟期、盛熟期等几个时期。同时,观测记录每个观测点在遭遇气象灾害(如连阴雨)时,果实开裂的程度、起始部位。

（2）品质化验

在野外观测点样方内随机选取 3 棵长势较好的植株,并在该植株上层、中层、下

图 3.1　麻江县蓝莓气象观测基地

层分别选取 3 个长势较好的枝条摘取其上面的果实。根据化验指标的多少确定采摘的数量。采摘的果实用密封袋承装,在袋外贴上标签,标明采样地点、时间、层次、名称及编号,带回实验室。

所采摘的蓝莓鲜果样品,由贵州大学环境与资源研究所进行化验分析。检测项目和方法如下:

矿质元素(钙、镁、铁、锌、铜、锰):原子吸收分光光度法;

水溶性总糖:铜还原-直接滴定法;

超氧化物歧化酶(SOD):氮蓝四唑(NBT)法;

单宁:磷钼酸-钨酸钠比色法;

还原糖:铜还原-直接滴定法;

可溶性固形物:折光仪法;

有机酸:中和滴定法。

(3)土壤理化指标化验

从野外观测点取果树下土样,每个点取 3 份土样,用密封袋装起,贴上标签,标明地点、时间、编号,带回实验室待测。检测项目和方法如下:

有机质:重铬酸钾滴定法;

全氮:半微量开氏法;

水解氮:酸解法(丘林法);

全磷:氢氧化钠熔融法;

速效磷:0.5 mol 碳酸氢钠浸提(钼锑抗比色法);

全钾:氢氧化钠熔融法;

速效钾:火焰光度计法;

pH 值:电位测定法。

(4)收集同期气象资料

依据蓝莓生长发育特性,收集记录野外观测样地 2012 年 3—7 月之间同期气象要素中的温度(日平均气温、日最高气温、日最低气温)、湿度(日平均相对湿度)、降水(日降水量)、辐射(日平均辐射)。另外,依据研究需要,还收集了 2011 年 8 月—2012年 8 月间温度、降水、湿度、日照时数等气象相关资料。

3.2 蓝莓物候期观测

物候学是研究自然界植物和动物的季节性现象与环境的周期性变化之间的相互关系的科学,它主要通过观测和记录一年中植物的生长荣枯、动物的迁徙繁殖和环境的变化,比较其时空分布的差异,探索动植物发育和活动的周期性规律。蓝莓物候期反映了一年中蓝莓生长发育的规律性变化。物候期变化是蓝莓系统发育过程中形成的遗传性与外界环境条件共同作用的结果,尤以气象条件影响较大,物候期与一年中气候的季节性变化相吻合。

蓝莓物候期因品种的不同而存在着较大的差异。一年中,蓝莓的物候期包括:叶芽萌动期、展叶期、始花期、盛花期、初果期、盛果期、初熟期、盛熟期(见图 3.2),而具体物候期的观测标准参照表 3.2。

(a)叶芽萌动期　　　　　　　　　　(b)展叶期

(c)始花期　　　　　　　　　　　　(d)盛花期

(e)初果期　　　　　　　　　　　　　　　　(f)盛果期

(g)初熟期　　　　　　　　　　　　　　　　(h)盛熟期

图 3.2　蓝莓物候期观测

表 3.2　蓝莓物候期观测标准

生育期	特征	观测标准
叶芽萌动期	芽开始膨大,鳞片已松动露白	20%枝条出现 1 个叶芽达到标准
展叶期	展出第 1 片小叶	20%枝条出现第 1 片小叶
始花期	果枝上花开放,颜色白	20%以上第 1 朵花绽放
盛花期	果枝上花开放,颜色白	50%以上第 1 朵花绽放
初果期	受精后形成幼果	20%以上果枝出现青果
盛果期	受精后形成幼果	50%以上果枝出现青果
初熟期	果实迅速膨大,变成深紫色,有光泽	20%以上果实变成深紫色
盛熟期	果实迅速膨大,变成深紫色,有光泽	50%以上果实变成深紫色

　　表 3.3 是贵州 14 个蓝莓样地物候观测数据,通过观测与数据资料分析得出, 2012 年贵州兔眼蓝莓大多在 3 月下旬萌发,4 月上旬始花期,4 月中旬盛花期,4 月下旬至 5 月上旬初果期,5 月上旬至中旬盛果期,6 月下旬至 7 月上旬初熟期,7 月中旬至下旬盛熟期。此结论与聂飞(2009)等观测的贵州地区兔眼蓝莓叶芽萌动期至盛果

期物候期规律相比推后半个月左右,究其主要原因是由于2011—2012年冬季温度偏低,休眠时间持续较长,再加之5月—6月中旬降水量偏多所致,而初熟期—盛熟期与聂飞(2009)相差不大,这是因为后期温度较高,降水较少,致使达到下一物候期的积温时间相对较少,从而导致果实成熟速度加快。

表3.3　贵州蓝莓物候期(月-日)观测

样地名	叶芽萌动期	始花期	盛花期	初果期	盛果期	初熟期	盛熟期
龙崩上	03-28	04-06	04-13	05-01	05-07	07-01	07-15
蓝天下	04-01	04-10	04-20	05-03	05-10	07-10	07-23
如意龙康	03-24	04-02	04-16	04-29	05-05	06-30	07-10
龙崩下	03-26	04-03	04-12	04-28	05-03	06-23	07-05
改江村	03-24	04-02	04-11	04-27	05-04	06-28	07-15
蚂蚁坟	03-24	04-01	04-08	04-30	05-08	06-30	07-12
大草坪	03-27	04-05	04-12	04-29	05-07	07-08	07-21
向塘村	03-25	04-05	04-13	04-28	05-06	07-07	07-18
沙坝冲	03-28	04-06	04-13	04-30	05-05	07-05	07-16
高司组	03-29	04-12	04-21	05-05	05-11	07-08	07-23
沙木林	03-22	04-01	04-11	04-24	05-04	06-24	07-12
陈家山	03-21	04-01	04-13	04-26	05-03	06-23	07-14
清远园林	03-24	04-02	04-13	04-26	05-04	06-26	07-14
铁倘村	03-23	04-02	04-12	04-28	05-02	06-21	07-13

由观测资料分析得出,蓝莓叶芽萌动期至始花期大概需要7～11 d,平均9.6 d;始花期至盛花期需要7～14 d,平均9.3 d;盛花期至初果期需要13～22 d,平均15.5 d;初果期至盛果期需要4～9 d,平均6.7 d;盛果期至初熟期需要50～62 d,平均55.5 d;初熟期至盛熟期需要10～22 d,平均14.9 d。具体见表3.4。

表3.4　贵州蓝莓各物候期间隔日数　　　　　　　　　　　　　　　　单位:d

样地名	叶芽萌动期 至始花期	始花期至 盛花期	盛花期至 初果期	初果期至 盛果期	盛果期至 初熟期	初熟期至 盛熟期
龙崩上	9	7	18	6	55	14
蓝天下	9	10	13	7	62	13
如意龙康	9	14	13	6	57	10
龙崩下	7	9	16	5	51	12
改江村	9	9	16	7	50	17
蚂蚁坟	8	7	22	8	54	12
大草坪	9	7	17	8	62	13
向塘村	11	8	15	8	62	11

样地名	叶芽萌动期 至始花期	始花期至 盛花期	盛花期至 初果期	初果期至 盛果期	盛果期至 初熟期	初熟期至 盛熟期
沙坝冲	9	7	17	5	61	11
高司组	14	9	14	6	58	15
沙木林	10	10	14	9	51	18
陈家山	11	12	13	7	51	21
清远园林	9	11	13	8	53	19
铁倘村	10	10	16	4	50	22
平均	9.6	9.3	15.5	6.7	55.5	14.9

3.3　蓝莓物候期对气温的响应

3.3.1　蓝莓物候期对日平均气温的需求分析

用 SPSS 统计分析不同物候期前 5 天滑动平均气温(见表 3.5)并分析其变异系数,得出蓝莓始花期、盛花期、初果期、初熟期和盛熟期的变异系数分别为 0.057,0.066,0.053,0.078 和 0.061,均小于 0.1,属于弱变异性,而叶芽萌动期与盛果期的变异系数分别为 0.119 和 0.113,变异系数介于 0.1 到 1 之间,属于中等变异性,见表 3.6。以上几个时期的变异系数均小于 1,由此可以得出以下结论:当 5 天滑动平均气温稳定通过 10.2 ℃时,蓝莓开始叶芽萌动;稳定通过 15.4 ℃时,进入始花期;稳定通过 15.8 ℃时,进入盛花期;稳定通过 17.2 ℃时,进入初果期;稳定通过 18.0 ℃时,进入盛果期;只有当 5 天滑动平均气温分别稳定通过 20.2 和 22.1 ℃时,蓝莓才可进入初熟期和盛熟期。

表 3.5　蓝莓各生育期前 5 天滑动平均气温　　　　　单位:℃

样地名	叶芽萌 动期	始花期	盛花期	初果期	盛果期	初熟期	盛熟期
龙崩上	13.9	15.6	16.5	18.6	23.6	25.3	23.9
蓝天下	16.1	18.4	18.9	17.2	23.1	26.6	24.8
如意龙康	12.2	17.3	16.1	20.6	19.9	24.9	26.3
龙崩下	14.1	18.1	17.8	20.2	18.3	22.5	26.2
改江村	12.1	17.6	18.4	18.9	18.1	24.4	24.3
蚂蚁坟	12.1	16.2	15.8	20.3	24.0	25.1	26.8

样地名	叶芽萌动期	始花期	盛花期	初果期	盛果期	初熟期	盛熟期
大草坪	13.6	15.9	17.6	20.6	22.6	24.1	24.1
向塘村	12.1	16.2	16.3	19.9	21.8	25.2	23.3
沙坝冲	13.8	15.4	16.4	20.3	19.2	25.8	23.5
高司组	13.0	17.6	19.4	18.5	21.0	24.0	23.4
沙木林	10.2	16.4	18.4	20.9	18.1	20.2	27.3
陈家山	11.6	16.3	16.6	20.1	18.9	22.8	25.1
清远园林	12.1	17.5	16.6	20.0	18.0	23.6	25.0
铁倘村	10.9	17.6	17.8	20.2	18.0	20.6	22.1

表 3.6　蓝莓各生育期前 5 天滑动平均气温(℃)的统计特征值

物候期	平均值	中值	标准差	极差	最小值	最大值	变异系数
叶芽萌动期	12.7	12.2	1.505	5.9	10.2	16.1	0.119
始花期	16.9	16.9	0.968	3.0	15.4	18.4	0.057
盛花期	17.3	17.1	1.147	3.6	15.8	19.4	0.066
初果期	19.7	20.1	1.041	3.7	17.2	20.9	0.053
盛果期	20.3	18.5	2.288	6.0	18.0	24.0	0.113
初熟期	23.9	23.2	1.863	6.4	20.2	26.6	0.078
盛熟期	24.7	25.1	1.500	5.2	22.1	27.3	0.061

注:变异系数的划分等级有:弱变异性,$CV<0.1$;中等变异性,$0.1<CV<1.0$;强变异性,$CV\geqslant1.0$

3.3.2　蓝莓物候期对积温的需求分析

作物的生长发育需要一定的温度(热量)条件。在作物生长所需的其他条件得到满足时,其生长发育的速度与气温密切相关。应用积温计算植物生育期出现日期的方法,起源很早。1735 年,法国人 De Laumauer(戴劳姆尔)首次发现植物完成其一定的发育,要求相同的积温;19 世纪下半叶,科学家们相继提出了根据温度等气象因子计算植物生育期的公式。现如今,积温的计算被广泛地应用于农业气候区划、病虫害预报和防治、作物田间管理等方面,对农业生产具有较强的理论指导意义。

每种作物都有一个生长发育的下限温度,这个下限温度一般用日平均气温表示。低于下限温度时,作物便停止生长发育,但不一定死亡;高于下限温度时,作物才能生长发育。活动温度即指大于生长发育下限温度的日平均温度。蓝莓与其他作物不同,打破休眠,开始生长发育要求 7.2 ℃以上的温度。因此,本试验以 7.2 ℃为活动积温的分界点,统计分析蓝莓进入各个生育期需要的积温量。

表 3.7 反映了不同试验样地蓝莓各生育期所需要的≥7.2 ℃活动积温,其中休眠末期至叶芽萌动前期为 120.8~245.4 ℃·d,平均值为 168.3 ℃·d;叶芽萌动期至始花期为 109.5~221.9 ℃·d,平均值为 139.8 ℃·d;始花期至盛花期为 114.1~235.0 ℃·d,平均值为 158.7 ℃·d;盛花期至初果期为 237.4~405.8 ℃·d,平均值为 286.9 ℃·d;初果期至盛果期为 83.9~167.3 ℃·d,平均值为 130.2 ℃·d;盛果期至初熟期为 1 031.1~1 337.1 ℃·d,平均值为 1 194.1 ℃·d;而初熟期至盛熟期为 256.3~562.1 ℃·d,平均值为 371.2 ℃·d。

表 3.7　蓝莓各生育期≥7.2 ℃活动积温　　　　　　　单位:℃·d

样地名	休眠末期至叶芽萌动期	叶芽萌动期至始花期	始花期至盛花期	盛花期至初果期	初果期至盛果期	盛果期至初熟期	初熟期至盛熟期
龙崩上	193.2	140.6	154.6	335.7	108.8	1 162.0	367.0
蓝天下	245.4	147.9	173.8	262.0	149.1	1 337.1	331.2
如意龙康	138.2	123.6	154.4	250.1	110.0	1 207.0	256.3
龙崩下	175.9	125.8	120.2	294.7	101.6	1 097.4	291.1
改江村	148.6	221.9	118.2	297.0	150.3	1 291.5	453.8
蚂蚁坟	150.5	132.7	235.0	405.8	138.0	1 178.6	319.9
大草坪	190.8	135.0	114.1	299.8	133.3	1 279.7	305.3
向塘村	156.6	138.0	135.2	265.2	149.1	1 305.3	269.8
沙坝冲	196.9	129.4	119.6	307.7	89.9	1 287.4	282.1
高司组	218.2	119.4	144.9	263.6	132.6	1 186.0	355.3
沙木林	129.3	142.3	170.0	263.6	167.3	1 069.2	470.9
陈家山	120.8	109.5	211.4	238.8	159.4	1 198.1	463.4
清远园林	149.8	125.1	195.5	237.4	149.9	1 087.5	468.8
铁倘村	141.7	166.4	175.4	295.3	83.9	1 031.1	562.1
平均值	168.3	139.8	158.7	286.9	130.2	1 194.1	371.2
最小值	120.8	109.5	114.1	237.4	83.9	1 031.1	256.3
最大值	245.4	221.9	235.0	405.8	167.3	1 337.1	562.1

3.3.3　低温对蓝莓物候期的影响

温度从其强度、变化和持续时间三个方面对农作物的生长发育产生重要的影响。在现如今的农业气象研究中,常常将温度强度与农作物的生长发育紧密地联系在一起。对于植物的每一个发育过程来说,有三个基点温度,即最适温度、最低温度和最高温度。在最适温度下植物生长发育迅速而良好,在最低和最高温度下植物停止生长发育,但仍维持生命。如果温度继续降低或者升高,就会发生不同程度的危害甚至导致果树死亡。

在对农业灾害发生次数进行统计时,我们常常引入频率来进行计算。频率是指某一现象在若干次试验或者观测中,实际出现的次数与试验或观测总次数的百分比,其计算公式为:

$$p = \frac{m}{n} \times 100\%$$

式中:p 为频率;m 为频数;n 为总次数。

(1)年极端最低气温对蓝莓生长发育的影响

依据蓝莓的生长习性,气象学上的年极端低温一般出现在蓝莓的休眠期阶段,即1—2月份之间。因此,本试验仅研究休眠期蓝莓可以忍耐的最低温度。据相关文献记载,高丛蓝莓在休眠期温度低于—19 ℃时,会受冻害;而兔眼蓝莓在—27 ℃时所有品种都将受冻害。本节对贵州省 84 个气象站 1971—2010 年的极端低温进行统计得出,40 年来全省冬季最低气温出现在威宁,温度为—8.7 ℃,这远远高于高丛蓝莓及兔眼蓝莓受冻害的温度(见图 3.3)。由此可知,贵州省全省范围内年极端最低气温对蓝莓的生长发育影响不大。

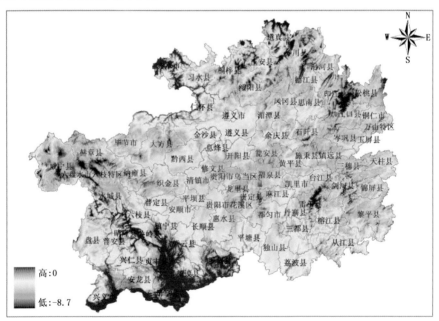

图 3.3　贵州省年极端最低气温(℃)分布图

（2）低温对蓝莓花芽的影响

对于高丛蓝莓，Pattern 等（1991）比较得出，处于发育第二阶段的花芽能忍耐
－6～－13 ℃的严寒，发育到第四至第六阶段时，在遭遇－2～－4 ℃的春霜时，有出
现花芽死亡的现象。而对于兔眼蓝莓而言，其花芽和叶芽的抗寒性相对较弱，芽在没
有绽开前能耐－15 ℃低温，而绽开后在－1 ℃下就会受冻。在没有灾害发生的普通
年份，蓝莓一般于 2 月中下旬叶芽萌动，2 月下旬至 3 月上旬开始展叶与初花，3 月中
旬盛花。依据此原则，统计全省 1971—2010 年 2 月下旬至 3 月上旬日最低气温
≤－1 ℃的分布情况，得出的结果见图 3.4。

蓝莓叶芽分化期间（2 月下旬至 3 月上旬）日最低气温≤－1 ℃发生频率最高的
为威宁县，频率为 16.50％，其次依次为开阳县和大方县，发生频率分别为 7.00％
和 6.17％。

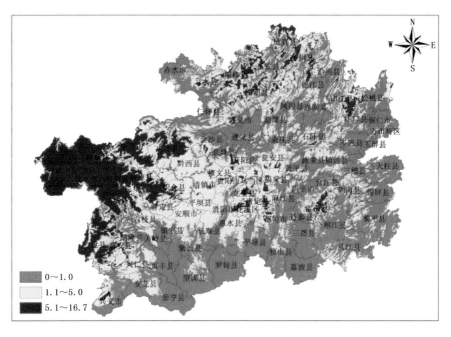

图 3.4　叶芽萌动期日最低气温≤－1 ℃低温发生频率（％）分布图

由此得出，在叶芽萌动期，倒春寒的发生概率，西部大于东部。在今后蓝莓引种
以及栽种过程中要注意以上两个时期的防寒工作。

3.4　气象与土壤因子对蓝莓品质的影响

品质是评价一个物种是否引种成功的最重要指标。而对于一个物种的品质而

言,我们常常评价其酸甜度、苦涩度、果重、肉质等指标。一般来说,果实较大、果肉厚实而饱满,维生素与矿物质含量高,甜度大、酸涩度较小,则品质好;反之,则品质较差。

依据品质参考值,根据试验地点具体情况,选择钙、镁、铁、锌、铜、锰、水溶性总糖、SOD、单宁、还原糖、可溶性固形物、总有机酸作为营养成分分析指标,参照植物生理生化试验的方法,进行品质化验分析。其中矿质元素(钙、镁、铁、锌、铜、锰)采用原子吸收分光光度法,水溶性总糖与还原糖的测定采用铜还原-直接滴定法;SOD的测定采用氮蓝四唑(NBT)法;单宁的测定采用磷钼酸-钨酸钠比色法;可溶性固形物的测定采用折光仪法;而有机酸的测定采用中和滴定法。

3.4.1　蓝莓品质分析试验

分析了14个野外观测点的蓝莓营养成分含量,得出:每1 kg果实中含有矿质元素钙87.79~173.67 mg、镁60.74~123.76 mg、铁1.64~6.81 mg、锌0.84~2.78 mg、铜0.32~0.92 mg、锰1.27~8.34 mg。同时,蓝莓鲜果中含有水溶性总糖7.11%~11.71%、SOD 29.45~35.06 U/g、单宁0.094%~0.222%、还原糖7.09%~11.29%、可溶性固形物10.00%~13.95%、总有机酸0.445%~0.751%。这与资料中记载的贵州蓝莓品质测量结果相一致。具体结果见表3.8和表3.9。

表 3.8　蓝莓果实品质总体分析

	最高值	最低值	参照值	超过参照值个数(个)
钙(mg/kg)	173.67	87.79	84.87	14
镁(mg/kg)	123.76	60.74	67.03	13
铁(mg/kg)	6.81	1.64	2.7	10
锌(mg/kg)	2.78	0.84	0.64	14
铜(mg/kg)	0.92	0.32	0.5	5
锰(mg/kg)	8.34	1.27	4.33	4
水溶性总糖(%)	11.71	7.11	9.24	4
SOD(U/g)	35.06	29.45	30.39	9
还原糖(%)	11.29	7.09	9.24	3
可溶性固形物(%)	13.95	10.00	11.23	7
总有机酸(%)	0.751	0.445	0.58	7
糖酸比(%)	27.79	14.98	17.17	10

从总体看来,贵州蓝莓品质相对较高,口感更佳,特别是矿质元素含量、糖酸比及SOD的含量,超过参照值的观测样地个数达到甚至超过了总数的2/3,而锰离子含量

总体偏低,从而致使贵州蓝莓的口感较好。但也有不尽如人意的地方,例如,还原糖、水溶性总糖的含量,相对于参照值略微偏低。

表 3.9　蓝莓营养成分含量分析

样地名	钙 (mg /kg)	镁 (mg /kg)	铁 (mg /kg)	锌 (mg /kg)	铜 (mg /kg)	锰 (mg /kg)	水溶性 总糖 (%)	SOD (U/g)	单宁 (%)	还原糖 (%)	可溶性 固形物 (%)	总有 机酸 (%)
龙崩上	117.33	93.66	2.89	0.84	0.65	2.91	8.69	30.63	0.096	8.57	11.00	0.643
蓝天下	123.39	112.5	6.81	1.05	0.48	2.58	8.42	32.22	0.140	8.38	10.55	0.595
如意龙康	93.73	100.12	4.18	1.26	0.65	3.78	8.46	33.06	0.094	8.38	12.23	0.481
龙崩下	92.81	101.2	3.1	0.97	0.56	1.45	7.11	29.45	0.106	7.11	10.00	0.667
改江村	145.01	123.76	4.31	1.07	0.47	2.77	7.62	35.06	0.114	7.47	10.20	0.565
蚂蚁坟	87.79	107.23	2.01	1.01	0.32	2.81	8.73	33.27	0.124	8.73	10.70	0.655
大草坪	108.27	111.39	3.67	2.52	0.48	7.34	7.81	30.13	0.116	7.65	10.90	0.595
向塘村	158.55	123.01	5.48	1.24	0.48	1.54	7.71	33.50	0.126	7.62	11.15	0.445
沙坝冲	100.53	109.62	6.29	1.04	0.47	2.66	7.22	31.94	0.118	7.09	11.25	0.751
高司组	121.62	105.51	1.64	1.41	0.57	5.08	11.57	32.98	0.182	10.91	13.70	0.493
沙木林	98.67	97.16	3.03	2.78	0.92	4.53	9.70	34.11	0.222	8.57	12.15	0.565
陈家山	167.76	117.31	1.65	1.37	0.26	8.34	11.71	33.78	0.208	11.29	13.95	0.553
清远园林	155.4	60.74	2.13	1.30	0.38	1.27	9.80	29.71	0.129	9.80	13.65	0.601
铁倘村	173.67	85.97	4.74	1.96	0.42	2.09	8.81	29.60	0.122	8.73	11.25	0.541

注:矿质元素(钙、镁、铁、锌、铜、锰):原子吸收分光光度法;水溶性总糖:铜还原-直接滴定法;还原糖:铜还原-直接滴定法;SOD:氮蓝四唑(NBT)法;单宁:磷钼酸-钨酸钠比色法;可溶性固形物:折光仪法;有机酸:中和滴定法

3.4.2　气象因子对蓝莓品质的影响分析

(1)温度对蓝莓品质的影响分析

就积温学说而言,在其他条件基本满足的情况下,温度对作物生长发育起主导作用。通过对 2012 年蓝莓物候期的观测得出,蓝莓果树一般于 3 月下旬叶芽萌动,7 月中旬至下旬果实进入盛熟期。因此,在 3—7 月这个时间段,不同气象条件对果实品质的影响尤为重要。本节主要选取 3—7 月的温度资料,分析温度对蓝莓品质的影响。

收集观测样地自动气象仪器的温度资料,主要包括日平均气温、日最高气温、日最低气温。根据研究需要,共统计了 24 个温度指标,主要分为两个方面:首先是不同物候阶段的平均气温,即从叶芽萌动期到盛果期间每个生育阶段的平均气温,以及每

个物候阶段分别至盛熟期的平均气温;其次为蓝莓各物候期≥7.2 ℃的活动积温。将以上所统计的 24 个指标分别与蓝莓的品质指标进行相关分析,得出以下 8 个因子是影响蓝莓品质的主要温度因子:盛果期平均气温、盛花期积温、盛果期积温、初熟期积温、叶芽萌动期至盛花期积温、叶芽萌动期至盛果期积温、初果期至初熟期积温、初果期至盛熟期积温,详情见表 3.10。

表 3.10　蓝莓各观测样地温度条件

样地名	盛果期平均气温(℃)	≥7.2 ℃活动积温(℃·d)						
		盛花期	盛果期	初熟期	叶芽萌动期至盛花期	叶芽萌动期至盛果期	初果期至初熟期	初果期至盛熟期
龙崩上	21.13	335.65	1 162.00	366.97	262.55	707.04	1 270.84	1 637.81
蓝天下	21.92	262.05	1 337.07	331.16	321.67	732.82	1 486.17	1 817.33
如意龙康	21.55	250.09	1 206.97	256.33	358.58	718.68	1 316.98	1 573.32
龙崩下	20.94	294.74	1 068.16	291.14	274.01	670.34	1 169.74	1 460.88
改江村	21.12	297.02	1 161.79	453.80	280.16	710.43	1 295.05	1 748.84
蚂蚁坟	21.07	405.84	1 116.51	319.92	227.76	792.99	1 275.90	1 595.82
大草坪	20.64	299.77	1 279.66	305.29	249.12	699.22	1 429.98	1 735.27
向塘村	21.05	265.25	1 305.31	269.80	301.61	715.98	1 454.43	1 724.22
沙坝冲	21.11	307.70	1 287.41	282.13	260.20	657.78	1 377.28	1 659.41
高司组	20.45	263.60	1 186.05	355.31	366.80	763.05	1 318.69	1 674.00
沙木林	20.96	263.64	1 069.18	470.94	299.35	730.24	1 236.43	1 707.37
陈家山	20.75	238.76	1 058.36	544.18	349.48	726.26	1 196.39	1 740.56
清远园林	20.96	237.41	1 110.95	468.83	320.62	707.93	1 260.84	1 729.68
铁倘村	20.62	295.28	1 031.09	562.12	308.12	687.29	1 114.99	1 677.11

　　对 8 个主要温度因子与蓝莓品质的相关关系进行分析,得出:盛果期的平均气温及积温均与铁离子的含量呈正相关,即在盛果期,随着平均气温的升高和活动积温的增加,果实中铁离子含量也在增加,对蓝莓果实的品质是十分有利的。在活动积温方面,不同物候阶段的积温与蓝莓的品质存在着十分显著的线性关系,其中:盛花期的积温与可溶性固形物之间存在着负相关,即随着盛花期积温的增加,可溶性固形物含量逐渐降低;而初熟期的积温分别对蓝莓果实中钙离子及水溶性总糖的积累有着显著的作用,即随着果实成熟期活动积温的增加,钙离子与水溶性总糖的含量均随之增加,其中钙离子与初熟期积温的相关性通过了置信度为 99% 的双侧检验;叶芽萌动期至盛花期的积温可以说是温度因子中对蓝莓品质影响最大的,其与水溶性总糖、还

原糖、可溶性固形物之间存在着显著的正相关,与总有机酸存在着显著的负相关,且通过了置信度为 99% 的双侧检验,这说明,该时期积温的大小直接影响果实糖分的积累,从而对蓝莓的口感影响较大;叶芽萌动期至盛果期的积温与水溶性总糖的含量呈正相关;初果期至初熟期的积温与蓝莓果实中铁离子含量呈正相关;而初果期至盛熟期的活动积温与钙离子的含量呈现显著的负相关(见表 3.11)。

表 3.11　温度因子与蓝莓品质指标相关系数表

品质 指标	盛果期 平均气温	积温						
		盛花期	盛果期	初熟期	叶芽萌动期 至盛花期	叶芽萌动期 至盛果期	初果期至 初熟期	初果期至 盛熟期
钙	−0.275	−0.437	−0.182	0.666**	0.386	−0.118	−0.179	0.553*
镁	0.136	0.134	0.450	−0.324	−0.118	0.138	0.457	0.176
铁	0.578*	−0.073	0.657*	−0.331	−0.119	−0.453	0.547*	0.276
锌	−0.426	−0.227	−0.181	0.330	0.029	−0.011	−0.091	0.272
铜	0.052	−0.309	−0.134	0.013	0.236	−0.041	−0.104	−0.110
锰	−0.368	−0.196	−0.043	0.206	0.220	0.225	0.027	0.270
水溶性 总糖	−0.396	−0.376	−0.402	0.546*	0.643*	0.533*	0.303	0.266
SOD	0.203	−0.066	0.129	0.022	0.213	0.515	0.229	0.302
单宁	−0.321	−0.396	−0.305	0.503	0.422	0.383	−0.165	0.382
还原糖	−0.359	−0.346	−0.385	0.528	0.641*	0.528	−0.300	0.249
可溶性 固形物	−0.366	−0.586*	−0.266	0.403	0.714**	0.266	−0.202	0.222
总有机酸	0.103	0.529	−0.034	−0.132	−0.674**	−0.344	−0.096	−0.269

注:** 表示通过了 0.01 的显著性水平检验;* 表示通过了 0.05 的显著性水平检验

(2)降水对蓝莓品质的影响分析

降水是作物水分供应与土壤水分的主要来源,是水分平衡的主要收入项,降雨量相同而降雨强度不同,或者说是雨分散下还是集中下,对作物会产生不同的影响。

初果期的降水对蓝莓品质有着很大的影响,其中:初果期的日平均降水量分别与水溶性总糖、单宁、还原糖及可溶性固形物含量呈显著的正相关,而与总有机酸含量呈负相关;而初果期总降水量与水溶性总糖、单宁、可溶性固形物含量呈正相关(其中在与单宁含量的相关分析中,其相关性通过了置信度为 99% 的双侧检验),与总有机酸含量呈负相关(见表 3.12)。

表 3.12　降水因子与蓝莓品质相关分析

	初果期日平均降水量	初果期总降水量
水溶性总糖	0.653*	0.623*
单宁	0.541*	0.677**
还原糖	0.591*	0.529
可溶性固形物	0.609*	0.594*
总有机酸	−0.643*	−0.635*

注:**表示通过了 0.01 的显著性水平检验;*表示通过了 0.05 的显著性水平检验

　　总结以上规律后发现,初果期的降水量对蓝莓品质影响较大,因此,田间管理时,在降水不足时应进行人工浇灌,以促进蓝莓果实糖分的积累,提高品质。

　　(3)日照时数对蓝莓品质的影响分析

　　所谓日照时数是指一天内太阳直射光线照射地面的时间。众所周知,作物的开花时间、品质与日照有着十分密切的关系,因此研究蓝莓各生育期的日照时数十分必要。

　　分析数据可以得出:初果期平均日照时数与蓝莓果实中的水溶性总糖及还原糖含量呈正相关,初熟期总日照时数与蓝莓果实中的钙离子含量及水溶性总糖含量也呈正相关,且均通过了置信度为 95% 的双侧检验(见表 3.13)。

表 3.13　日照时数与蓝莓品质相关分析

	初果期平均日照时数	初熟期总日照时数
钙	0.417	0.560*
水溶性总糖	0.558*	0.537*
还原糖	0.581*	0.499

注:*表示通过了 0.05 的显著性水平检验

3.4.3　土壤理化性质对蓝莓品质的影响分析

　　黔东南州是贵州蓝莓的主要生产区,栽培面积与产量均居全省第一。蓝莓产业已成为种植业结构调整的主要树种和农民增收的主要经济来源。土壤酸碱度、肥力是影响蓝莓品质的关键因素。蓝莓对土壤类型、pH 值及矿质元素含量有着较为严格的要求。对于酸性土壤,兔眼蓝莓的适应范围较宽,pH 值为 4.0～6.0 的范围都属于兔眼蓝莓生长的适宜范围,当 pH 值超过 6.5 时,蓝莓产量和生长量都大大降低,植株表现出十分严重的缺素现象。

　　黔东南州土壤类型丰富,共分为 11 个土类、26 个亚类、66 个土属、222 个土种,且土壤多为偏酸性,其中:黄壤是黔东南州的主要地带性土壤,分布在州内海拔500～1 400 m 之间的广大地区,面积约 188.9 万 hm²,占全州土地面积的 62.3%,pH 值为

4.8～5.9;红壤是黔东南州第二大地带性土壤,主要分布在天柱、锦屏、黎平、榕江、从江等县的低山丘陵、盆地和谷地,面积 31.1 万 hm²,pH 值为 4.7～6.8;黄棕壤主要分布在州中部雷公山山区,南部太阳山、月亮山,以及北部部分高中山山脊,总面积 3.56 万 hm²,pH 值为 4.8～6.3;红色石灰土分布在岑巩县的大容,镇远县的青溪,以及天柱县的帮洞、坪地和兰田以东地区,总面积 0.355 万 hm²,pH 值平均为 6.9;紫色土分布于黄平县的重安江、旧州,天柱县的帮洞、兰田,以及施秉等地,总面积 3.35 万 hm²,pH 值为 5.3～7.5;黑色石灰土分布于凯里、黄平、施秉、镇远、丹寨、麻江等县(市),总面积 30.46 万 hm²,pH 值为 6.9～7.4;粗骨土分布于州内无植被防护或仅生长稀疏植被处,总面积 0.383 万 hm²,pH 值为 3.9～4.7;山地灌丛草甸土主要分布在雷公山区雷公坪地区,总面积 0.445 万 hm²,pH 值平均为 4.7;水稻土在全州均有分布,总面积 16.88 万 hm²,pH 值为 4.6～7.1。从图 3.5 中可以看出,仅

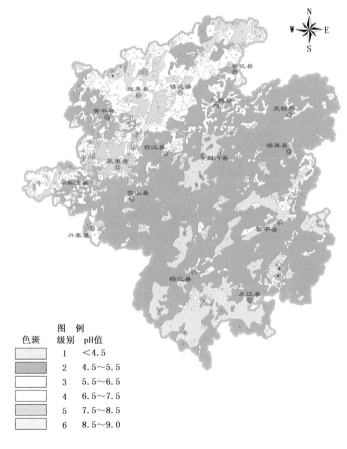

图 3.5　黔东南州土壤 pH 值分布图

从土壤 pH 值因素出发,除了西部的凯里、施秉、镇远的部分地区以外,其他地区均为蓝莓的适宜栽培区。

（1）土壤理化性质分析

土壤是蓝莓种植的基础,土壤的理化性质将直接影响蓝莓果实的产量及品质。分别对 14 个野外蓝莓观测样地的土壤进行理化分析,主要的指标有全氮、水解氮、全磷、速效磷、全钾、速效钾、有机质含量及土壤 pH 值,共计 8 个指标。得出的结果见表 3.14 和表 3.15。

表 3.14　观测样地土壤理化指标统计特征值

	最小值	最大值	均值	标准差	极差
全氮(%)	0.031	0.100	0.065 07	0.023 555	0.069
水解氮(mg/100 g)	2.852	11.465	6.951 14	2.849 204	8.613
全磷(%)	0.572	1.781	1.111 29	0.436 698	1.209
速效磷(mg/100 g)	0.156	2.748	0.879 29	0.704 508	2.592
全钾(%)	0.129	0.575	0.281 79	0.131 662	0.446
速效钾(mg/kg)	133.667	1 010.309	351.231 50	266.717 323	876.642
有机质(%)	0.540	3.600	2.229 43	0.803 786	3.060
pH 值	3.99	5.547	4.847	0.441 766	1.557

表 3.15　蓝莓土壤理化指标分析

样地名	N		P		K		有机质 (%)	pH 值
	全氮 (%)	水解氮 (mg/100 g)	全磷 (%)	速效磷 (mg/100 g)	全钾 (%)	速效钾 (mg/kg)		
龙崩上	0.091	5.023	0.592	0.156	0.285	241.632	1.326	4.80
蓝天下	0.100	9.310	1.390	0.509	0.293	179.409	0.540	5.12
如意龙康	0.045	11.459	1.781	1.552	0.270	491.338	2.872	5.107
龙崩下	0.096	11.465	1.465	0.588	0.294	873.159	2.440	4.90
改江村	0.041	7.570	1.053	1.091	0.129	312.317	3.600	5.36
蚂蚁坟	0.069	9.204	1.649	2.748	0.199	175.301	2.123	5.547
大草坪	0.046	2.852	0.918	0.233	0.207	229.386	1.601	4.417
向塘村	0.031	4.547	0.660	0.182	0.575	324.89	2.681	4.33
沙坝冲	0.039	7.914	0.677	1.466	0.445	1 010.309	2.647	4.56
高司组	0.069	4.188	0.572	0.455	0.460	245.945	2.076	3.99

样地名	N		P		K		有机质(%)	pH 值
	全氮(%)	水解氮(mg/100 g)	全磷(%)	速效磷(mg/100 g)	全钾(%)	速效钾(mg/kg)		
沙木林	0.051	3.339	0.639	0.900	0.150	258.422	2.743	4.71
陈家山	0.06	5.178	1.597	0.697	0.306	133.667	3.108	4.61
清远园林	0.085	6.677	1.165	0.509	0.166	158.522	1.878	5.34
铁倘村	0.088	8.590	1.400	1.224	0.166	282.944	1.577	5.07

注:土壤有机质含量:重铬酸钾滴定法;全氮:半微量开氏法;水解氮:酸解法(丘林法);全磷、全钾:氢氧化钠熔融法;速效磷:0.5 mol 碳酸氢钠浸提(钼锑抗比色法);速效钾:火焰光度计法;pH 值:电位测定法

由表 3.14 和表 3.15 可知:14 个观测点土壤中,全氮的范围在 0.031% ~ 0.100% 之间,极差为 0.069 个百分点;水解氮的范围在 2.852 ~ 11.465 mg/100 g 之间,极差为 8.613 mg/100 g;全磷含量的范围在 0.572% ~ 1.781% 之间,极差值为 1.209 个百点;速效磷含量的范围在 0.156 ~ 2.748 mg/100 g 之间,极差值为 2.592 mg/100 g;全钾含量的范围在 0.129% ~ 0.575% 之间,极差为 0.446 个百分点;速效钾含量的范围在 133.667 ~ 1 010.309 mg/100 g 之间,极差值为 876.642 mg/100 g;土壤有机质含量范围在 0.540% ~ 3.600% 之间,极差值为 3.06%。从以上数据可以很明显地看出,个别数据的极差值较大,这是由于各观测地点施肥以及土壤改良方法的不同造成的。14 个观测样地土壤 pH 值范围在 4 ~ 6 之间,均满足兔眼蓝莓生长的土壤最适宜 pH 值。

(2)土壤理化指标与蓝莓品质的相关性

选取上述几个土壤理化指标分别与蓝莓品质指标进行相关分析,所得的结果并不令人满意,只有 5 对指标的相关性通过了置信度为 95% 的相关性检验,分别为全氮与 SOD、速效钾与水溶性总糖、速效钾与还原糖、有机质含量与 SOD、水解氮与锌,见表 3.16。

表 3.16　观测样地土壤理化指标与蓝莓品质相关分析表

	全氮	水解氮	速效钾	有机质
锌	−0.253	−0.547*	−0.270	−0.011
水溶性总糖	0.152	−0.409	−0.576*	0.017
SOD	−0.603*	−0.167	−0.207	0.600*
还原糖	0.230	−0.312	−0.594*	−0.045

注:* 表示通过了 0.05 的显著性水平检验

从表 3.16 可以看出,土壤中全氮含量与 SOD 含量呈显著的负相关,水解氮含量与锌含量呈显著的负相关,速效钾含量与水溶性总糖和还原糖均呈显著的负相关,有机质含量与 SOD 含量呈显著的正相关,以上均通过了置信度为 95% 的双侧检验。

3.5　气象灾害对蓝莓的影响

贵州位于云贵高原东部,属于亚热带季风气候,四季分明,雨量充沛,多云寡照,湿度较大,立体气候明显,所谓"一山有四季,十里不同天"。对于贵州农业生产而言,既存在着可以充分利用的丰富多样的立体气候资源,又存在着起制约作用的诸多气象灾害。贵州的气象灾害不仅种类繁多,而且出现频率高,波及范围大,影响着农业生产的方方面面。据统计,在一般年份,贵州因气象灾害造成的农作物受灾面积达 86.13 万 hm²,成灾面积达 36.27 万 hm²。较为严重的气象灾害又会引发病虫害,加重受灾程度,造成更大的损失。蓝莓这一新引进栽培的果树品种,主要受到以下几种气象灾害的威胁:

3.5.1　干旱

干旱(drought)是指某地因长期无雨或少雨,土壤不能满足农作物对水分的需求,致使作物的生长受到抑制或死亡的农业气象灾害,它是贵州最为常见,且影响最大的气象灾害。干旱是一种持续性的水分欠缺现象。干旱的严重程度与水分的亏缺程度及持续时间的长短有着十分密切的联系。干旱指标的选取对干旱的发生、发展、变化情况及农作物受灾情况的评估起到了至关重要的作用。干旱日数、CI 指数、降水量距平百分率、SPI 指数、Z 指数、MI 指数等作为贵州省干旱监测和评估的重要指标,在干旱研究中已经被较为广泛地应用。

蓝莓是浅根系植物,果树的主根并不发达,而侧根或不定根呈现辐射生长,长度超出主根很多,且根系的大部分都集中在土壤表层。正是这一特征,导致蓝莓果树抗风、抗旱能力十分脆弱。特别是幼苗期间,更应该加强防护。蓝莓在遭受干旱之后,植株表现为叶片枯黄、萎蔫,生长速度变缓,如果高温持续时间较长,可造成植株(特别是蓝莓幼苗)死亡。干旱严重影响着蓝莓的产量与果实品质。

3.5.2　倒春寒

倒春寒(late spring coldness)天气是指春季气温回升后,受强冷空气的影响,出现的持续低温阴雨天气。通常情况下,长期阴雨天气或频繁的冷空气侵袭,以及持续冷高压控制下晴朗夜晚的强辐射冷却都容易造成倒春寒。倒春寒的分布与纬度、海拔高度有关。倒春寒也是贵州最为常见的气象灾害,一般发生在 3 月下旬至 4 月。

根据贵州省气象局制定的倒春寒天气标准,每年 3 月 21 日—4 月 30 日,凡日平均气温≤10.0 ℃,并持续≥3 d 的时段(其中第 4 天开始,允许有间隔一天的日平均气温≤10.5 ℃),定义为倒春寒天气过程。倒春寒一般按持续天数分为四个等级,具体划分范围见表 3.17。

表 3.17 贵州省倒春寒程度划分范围

持续天数(d)	等级
3～4	轻级倒春寒
5～6	中级倒春寒
7～9	重级倒春寒
≥10	特重级倒春寒

凡单站倒春寒天气过程,其持续时间为 3～4 d,称为轻级倒春寒过程;持续时间为 5～6 d,称为中级倒春寒过程;持续时间为 7～9 d,称为重级倒春寒过程;持续时间≥10 d,称为特重级倒春寒过程。

贵州所引进的蓝莓品种,虽然抗低温能力较强,但仅限于休眠期。当植株生长进入叶芽萌动期与花期时,其抗寒能力大大下降。一般来说,高丛蓝莓在遭遇−2～−4 ℃的春霜时,有出现花芽死亡的现象,而兔眼蓝莓花芽在绽开前能耐−15 ℃低温,而绽开的芽在−1 ℃下就会受冻,造成落花,影响授粉,从而对蓝莓果实的产量造成一定的影响。倒春寒在贵州的发生频率较高,对蓝莓果实影响较为明显,因此该灾害应成为果品部门及种植商户主要防范的气象灾害,特别是在高海拔地区。

3.5.3 冰雹

冰雹,也叫“雹”,俗称“雹子”,有的地区称“冷子”,在春夏之交最为常见,特别是山区及丘陵地区。冰雹是由强对流天气系统引起的一种剧烈的气象灾害,它出现的范围虽然较小,时间也比较短促,但来势凶猛、强度大,并常常伴随着狂风、强降水、急剧降温等阵发性灾害性天气过程,是贵州省常见的气象灾害之一。

贵州省的冰雹一般出现在 3—5 月,属于春季,正值蓝莓生长发育的关键性季节,因此冰雹会对蓝莓造成极大损失。贵州省年平均雹日 42 d,其中每年 3—5 月平均有 29 d 降雹,2002 年雹日多达 57 d。目前对冰雹天气的监测工具主要有雷达和卫星云图。

冰雹出现在不同月份,对蓝莓的影响也是不同的。如果出现在 3 月,则会造成落花现象,同时冰雹伴随的强降雨与低温天气,对蓝莓的授粉情况也会造成一定的影响,如果正值落花期,则会造成花朵腐烂,并与其他正开放的花朵发生粘连,造成坐果率的大幅度下降。如果出现在 4—5 月,此时为贵州蓝莓的初果期至盛果期,颗粒直径较大的冰雹会打伤果实,造成溃烂,从而引发病虫害。

3.5.4　持续阴雨

在南方一些雨水较为充沛的城市,持续阴雨是一类影响较大的灾害性天气,这种灾害性天气的发生,常常对果蔬生产产生较大的影响。麻江县与独山县是本次试验的两个主要蓝莓观测地区,2012 年 5 月—7 月中旬两个半月间出现了此种天气,此时正值蓝莓结果期与果实成熟期,造成部分果实开裂,有的枝条上开裂果实数目甚至接近 20%,给蓝莓的产量与品质带来极大的损失。因此,研究该段时间的低温阴雨天气对未来蓝莓种植区域灾害性天气预报及防护工作的开展有着十分重要的意义。

(1)持续阴雨对蓝莓品质的影响

结果期至果实成熟期的持续低温阴雨天气会影响果实中糖分的积累。据研究表明,持续的低温阴雨天气会使果实增重(不开裂的前提下),但果实中的可溶性固形物含量将会下降 24%,从而严重影响果实的品质。

比较 2012 年麻江县与独山县两地蓝莓果实品质(见表 3.18),得出以下结论:2012 年 5—6 月间的持续低温阴雨天气给麻江县与独山县两地的蓝莓果实品质造成了较大的影响。特别是麻江县蓝莓果实中糖分(可溶性固形物、水溶性总糖及还原糖)含量明显低于独山县,甚至低于参照值,而总有机酸含量却高于独山县与参照值。独山县蓝莓果实中糖分含量则相对较高,且较参照值也高出较多,而总有机酸含量较低。两地降水与日照情况可以得出:麻江县降水偏多,日照时间短,糖分积累少,果实甜度较差,而独山县较好。两地蓝莓果实的糖酸比均高于参照值,这说明两地果实的总体品质较高,且独山县更好。

表 3.18　麻江县与独山县蓝莓酸甜度差异性分析

	麻江县	独山县	参照值
可溶性固形物(%)	11.46	13.70	11.23
水溶性总糖(%)	8.60	11.57	9.24
还原糖(%)	8.41	10.91	9.24
总有机酸(%)	0.59	0.49	0.58
糖酸比(%)	19.86	27.79	17.17

(2)持续阴雨对蓝莓果期的影响

持续阴雨天气会导致空气湿度增加,土壤湿度加大、通气性较差,从而对成熟期的蓝莓果实造成一定的影响,导致蓝莓果实发霉、开裂,因蓝莓品种而异,果实开裂程度也有所不同(见图 3.6)。

图 3.6　兔眼蓝莓果实开裂情况

3.6　蓝莓生态适宜性区划

　　根据贵州省的气候生态特点,适区发展,是提高贵州省蓝莓产量、品质和效益的重要前提,为了科学合理地利用当地农业气候资源,趋利避害,需要对蓝莓的气候适宜性进行区划。

　　在区划中,我们常常依据气候相似理论而进行指标的确定及适宜区的划分:处于相同气候带的地域,不论远近,都具有相似的气候和植被类型,且在受到自然选择的影响下,树种对其自然分布区的生态环境有着天然的适应性,在与原产地相似的环境条件下最有可能发挥其生物学特征。根据气候相似理论进行气候对比来初步判断未来引种的效果,是通常采用的一种切实可行的方法。

3.6.1　蓝莓生态适宜性区划指标的分析及建立

　　不同的蓝莓品种对气候条件有着不同的要求。麻江县凭借其 13 年的蓝莓引种栽培经验,为蓝莓种植区域的选取提供了气候因子的参考量值。参照试验结果选取麻江县的年平均气温、年总降水量、5 月平均气温、6 月平均气温、5—6 月份积温、5 月总降水量、6 月总水量、5 月总日照时数、年极端最低气温共计 9 个指标,因这些指标与蓝莓品质的相关性较好,故用这些因子计算相似距离。同时,蓝莓叶芽萌动期的低温对蓝莓影响较大,容易造成花芽死亡,因此叶芽萌动期日最低气温≤−1 ℃低温发生频率可以作为区划的指标。同时,蓝莓对温度的需求还表现在休眠期日平均气温≤7.2 ℃的低温持续时间,当持续时间小于 250 h 时不能满足蓝莓的生理需求,则不适宜引种栽培蓝莓,因此,将休眠期≤7.2 ℃低温的持续时间也作为区划的指标。而蓝莓对土壤的类型、酸碱度及矿质元素含量有着较为严格的要求,特别是对酸性土壤的要求,可以说,酸性土壤条件是决定蓝莓能否栽培成功的关键。因此,土壤因子也将会作为重要的参考指标,在贵州省蓝莓生态适宜性区划中起到关键性的作用。

综合上述分析,确定了蓝莓气候适宜性评价指标及其划分标准,见表 3.19。

表 3.19　蓝莓气候适宜性评价指标

指标	适宜区	次适宜区	不适宜区
相似距离	≤0.3	0.3~0.5	≥0.5
≤−1 ℃低温发生频率(%)	0~1	1~5	≥5
≤7.2 ℃低温持续时间(h)	400~600	250~400	>600 或<250
土壤 pH 值	4.5~6.0	6.0~6.5	>6.5 或<4.5

3.6.2　基于 GIS 的贵州蓝莓生态适宜性区划分析

(1)区划指标分布特征

1)气候相似度

从图 3.7 可以看出,相似度较高的地区主要集中在贵州省的东部,而相似度最低的地区包括西部的威宁、赫章、黔西南州的部分地区,以及北部的赤水市,这主要是由于极端最低气温的分布及 5 月份降水量差异较大造成的。

2)叶芽萌动期日最低气温≤−1 ℃低温发生频率

图 3.4 反映的是叶芽萌动期≤−1 ℃低温发生频率,≤−1 ℃低温是叶芽萌动期对蓝莓产生较大影响的灾害,会造成嫩芽死亡脱落。从图 3.4 可以看出,全省日最低气温≤−1 ℃低温发生的规律大体呈现出由西到东逐渐减弱的趋势,最容易受灾的地区为毕节的威宁、赫章、大方、六盘水的水城、六枝以及开阳地区,而蓝色区域表示的是灾害发生率极低的区域,此类环境更适合蓝莓的栽培和引种。

3)休眠期日平均气温≤7.2 ℃低温持续时间

不同品种的蓝莓休眠期对≤7.2 ℃低温持续时间的要求不同,其中兔眼蓝莓一般要求 250 h 以上,而南方高丛蓝莓要求 200~500 h,且低温持续时间越长,对花芽分化及坐果的数量越有利。统计并分析贵州省各县市 1971—2011 年的气象资料得出图 3.8。从图 3.8 可以看出,贵州省南部边缘县市以及赤水市冬季温度较高,不能满足≤7.2 ℃低温持续时间在 250 h 以上的基本要求,因此,这些地区不适宜栽培蓝

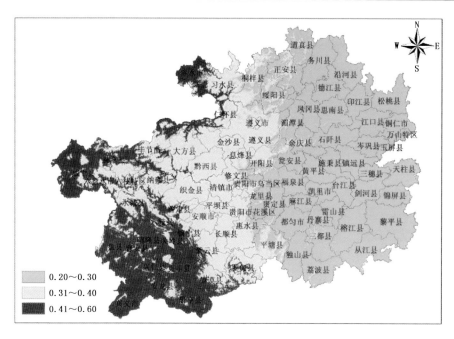

图 3.7　兔眼蓝莓气候相似度分析

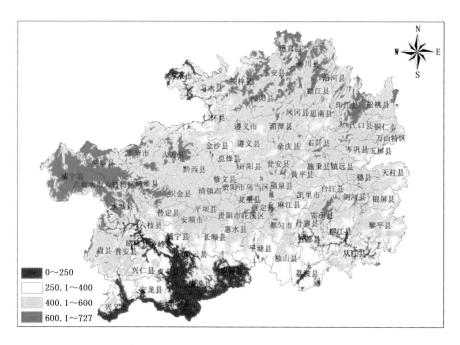

图 3.8　休眠期日平均气温≤7.2 ℃低温持续时间(h)分布

莓。图3.8黄色区域≤7.2 ℃低温持续时间在250.1～400 h之间,能满足兔眼蓝莓和高丛蓝莓休眠期对低温的需求;浅蓝色区域为低温持续400.1～600 h的区域,该区域冬季的温度能够充分满足蓝莓越冬的需求,而且低温持续时间长,有利于蓝莓花芽的分化及产量的提高,深蓝色区域为低温持续600 h以上,说明该区域冬季低温持续时间过长,并不适宜开展蓝莓的种植。

4)土壤pH值

从图3.9中可以看出,贵州省土壤总体上呈现出弱酸性,满足蓝莓引种与栽培的适宜性土壤(pH值为4.5～6.0,主要包括红壤、黄壤、黄棕壤)分布十分广泛,其中黔东南州拥有最多的此类型土壤,而遵义、铜仁、毕节的部分县市也存在较多的此类土壤。不适宜的土壤主要集中在赤水,其他地区有零星分布。

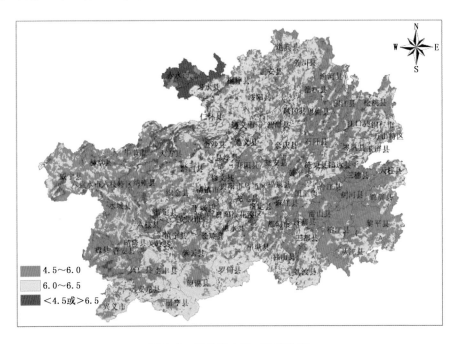

图3.9 贵州省土壤pH值分布

(2)蓝莓生态适宜性区划

将气候相似度、叶芽萌动期≤-1 ℃低温发生频率、休眠期≤7.2 ℃低温持续时间、贵州省土壤pH值等适宜性指标进行综合,并重新分类,均分为1～3级,级别越高,适宜性越好,最终得到蓝莓在贵州省的气候适宜性综合区划,见图3.10。

适宜区:主要集中在东部地区以及中部的个别县市,主要包括遵义、铜仁和黔东南州的大部分地区,以及安顺的镇宁等县市。该区域海拔较低,气候温和,热量、降水

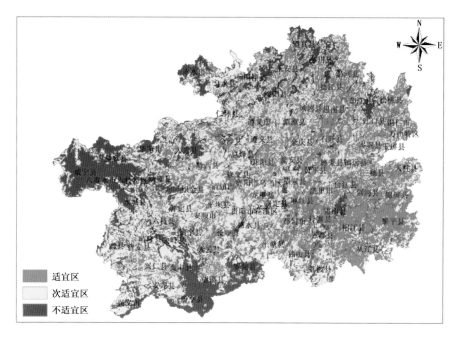

图 3.10　贵州省蓝莓适宜性区划

条件充足,冬季≤7.2 ℃低温持续时间较长,春季倒春寒发生概率较低,且土壤多为 pH 值范围在 4.5～6.0 之间的酸性土壤,十分适合蓝莓的引种与栽培工作。

次适宜区:次适宜区主要集中在遵义、贵阳,以及黔南州、毕节、黔西南州的部分县市。该区域处于过渡地带,虽也能满足蓝莓生长的基本条件,但对于蓝莓而言较东部地区的气候条件还存在一定的差距,降水量有所减少,倒春寒灾害的发生概率有所增加,热量条件较为充足,土壤也以酸性居多,部分地区土壤 pH 值在 6.0～6.5 之间。总体上不及东部地区,因此,将此区域划分为蓝莓栽培的次适宜区。

不适宜区:不适宜区主要集中在西北部、北部边缘地区及西南部,究其主要原因是由于西北部地区温度较低,达到各生育期积温需求时间较长,且春季容易发生低温灾害,同时该地区降水相对较少,土壤条件较差,因此对蓝莓的生长发育较为不利,而西南的册亨、望谟、罗甸、北部的赤水市不适宜发展蓝莓的主要原因是冬季≤7.2 ℃低温的持续时间达不到蓝莓的基本要求。

3.6.3　蓝莓生态适宜性区划结果检验

经过实地考察,得出贵州省蓝莓种植主要分布情况,见图 3.11。从图 3.11 可以看出,贵州省蓝莓种植区主要分布在黔东南州(麻江、凯里、台江、剑河、雷山、丹寨)、贵阳(开阳、修文、息烽、乌当区、贵阳市)、遵义(遵义县、凤冈)及黔南州(都匀市、独山),其中:黔东南州的引种栽培时间最长,规模最大;贵阳次之;而遵义的遵义县及黔南州的独山是最新引种栽培区。

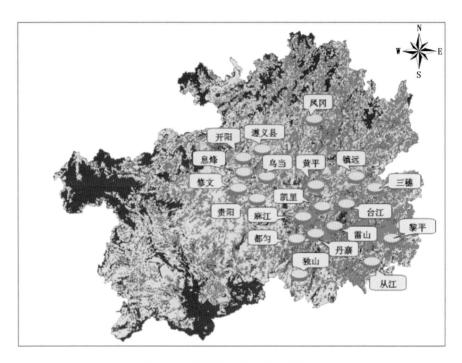

图 3.11　贵州省蓝莓种植区分布图

对比调查得到的蓝莓种植区域的分布规律与贵州省蓝莓生态适宜性区划图,得出结论:贵州省蓝莓的种植分布都集中在适宜区范围内。当考虑种植年限时,麻江县从 2000 年开始引种栽培蓝莓,息烽、贵阳、凤冈等地从 2006 年开始引种栽培,以上几个地区果树至今生长状况表现良好,少见病虫害,且产量较高,品质、口感极佳。而丹寨、开阳等其他地区是 2011—2012 年才开始栽培种植蓝莓的,部分 2013 年已经挂果,生长状况良好。这从另一侧面印证了以上地区适合蓝莓引种栽培,是蓝莓的适宜区,这与区划的结果相一致。

3.7　结论

本试验在麻江县与独山县选取 14 个蓝莓观测点,在进行蓝莓物候期、灾害、品质及土壤等方面的观测、统计和化验的基础上,确定了影响蓝莓生长发育及品质的主要生态气象因子。利用气候相似理论选取部分气象指标与麻江县进行相似度对比分析,确定了蓝莓气候适宜性指标。

（1）分析气象条件对蓝莓生长发育的影响,得出结论:当日平均气温稳定通过10.2 ℃时,蓝莓开始叶芽萌动;稳定通过 15.4 ℃时,进入始花期;稳定通过 18.0 ℃时,进入盛果期;只有稳定通过 20.2 ℃时,蓝莓才可进入成熟期。

（2）通过分析气候条件对蓝莓品质的影响,得出结论:1)各生育期≥7.2 ℃的活动积温,盛果期的平均气温,初果期的降雨量,以及叶芽萌动期、盛花期及初果期的日照时数等指标对蓝莓果实品质的影响比较大;2)持续低温阴雨与倒春寒是影响贵州蓝莓品质的主要气象灾害;3)分析 14 个观测点土壤理化指标与品质的相关性发现,土壤中全氮、水解氮、锌、速效钾的含量与蓝莓品质有着较高的相关性。

（3）对生态气候因子进行筛选,最终确定气候相似距离、叶芽萌动期日最低气温≤−1 ℃低温发生频率、冬季≤7.2 ℃低温持续时间和土壤 pH 值作为区划指标;贵州适宜发展蓝莓的区域主要集中在东部地区及中部的个别县市,次适宜区以中部地区为主,而不适宜区主要集中在西北部及西南部。

参 考 文 献

卜庆雁,周宴起.2010.浅析蓝莓的营养保健功能及开发利用前景[J].北方园艺,(8):215-217.

陈卫.2003.蓝莓及其营养保健功能[J].中外食品,(7):34-35.

崔学明.2006.农业气象学[M].北京:高等教育出版社.

郭兆夏,贺文丽,李星敏,等.2012.基于 GIS 的陕西省烤烟气候生态适宜性区划[J].中国烟草学报,**18**(2):21-24.

贺文丽,李星敏,朱琳,等.2011.基于 GIS 的关中猕猴桃气候生态适宜性区划[J].中国农学通报,**27**(22):202-207.

李世奎.1999.中国农业灾害风险评价与对策[M].北京:气象出版社.

李亚东,刘海广,等.2008.我国蓝莓产业现状和发展趋势[J].中国果树,(6):67-71.

李玉柱,许炳南.2001.贵州短期气象预测技术[M].北京:气象出版社.

刘汉中,等.1984.农业气象学[M].北京:科学出版社.

刘鹏,黄天福,蔡衡,等.2011.冰雹的形成及其对农业的影响[J].现代农业科学,(4):303-305.

马艳萍.2006.蓝莓的生物学特性、栽培技术与营养保健功能[J].中国水土保持,(2):47-49.

聂飞.2009.我国兔眼蓝莓栽培研究进展与发展前景[J].贵州农业科学,**37**(1):153-155.

潘盛福,聂飞.2007.气候资源在蓝莓引种理论导向上的利用[J].贵州气象,**31**(2):24-25.

汪丽.2010.贵州冰雹灾害及其防御[J].贵州气象,**5**(34):16-18.

吴哲红,詹沛刚.2011.贵州省冰雹灾害气候特征及防御区划[J].安徽农业科学,**39**(31):19 177-19 179.

许炳南,黄继用,徐亚敏,等.1997.贵州春旱、夏旱、倒春寒、秋风的规律、成因及长期预报研究[M].北京:气象出版社.

许戈,周丽娜,张萍.2011.贵州春季冰雹天气过程个例分析[J].气象与环境科学,**34**(增刊):35-39.

阎洪.2006.中国和澳大利亚的气候比较研究[J].林业科学,**42**(8):30-36.

杨玲,聂飞,周洪英,等.2007.兔眼蓝莓在贵州的引种栽培试验及应用评价[J].贵州农业科学,**35**(5):48-52.

于飞.2009.贵州省农业气象灾害风险分析及区划[D].贵阳:贵州大学.

袁颖,宋劲,唐红忠,等.2008.黔南州倒春寒天气气候概况及灾害影响[J].贵州气象,**6**(32):27-28.

曾维英,张艳梅.2009.倒春寒天气对六枝小麦产量的影响[J].贵州农业科学,**37**(9):72-74.

张帅,谷晓平,于飞.2012.喀斯特山区干旱对玉米影响评估[J].广东农业科学,**21**(39):22-26.

甄文超,王秀英,等.2006.气象学与农业气象学基础[M].北京:气象出版社.

中国植物志编辑委员会.1991.中国植物志(第 57 卷第 3 分册)[M].北京:科学出版社:75-164.

Pattern K D, *et al*. 1991. Cold injury of southern blueberries as a function of germplasm and season of flower bud development [J]. *HortScience*,**26**(1):18-20.

Pattern K D, *et al*. 1994. Cranberry yield and fruit quality reduction caused by weed competition [J]. *HortScience*, **29**(10):1127-1130.

Spiers L M. 1978. Effects of stage of bud development on cold injury in rabbiteye blueberry [J]. *J Amer Soc Hort Sci*, **103**(4):452-455.

Wright J W. 1978. Introduction of Forest Genetics. MA,USA:Academic press.

第4章 椪柑农业气象观测试验

椪柑是热带、亚热带常绿果树,其果实营养丰富、味道芳香甘美,果色鲜艳,果皮松、易剥,果肉脆嫩、多汁、耐贮藏,产量高,品质优良,商品经济效益显著,有"远东柑王"之称,在国内外市场有较大的竞争力,是开发潜力很大的特色水果。

从江县位于贵州省"两高"沿线,于 20 世纪 80 年代初引进椪柑果树试种,后大面积推广种植,产生了较好的经济效益,创立了"从江椪柑"品牌,以色鲜、皮薄、个大、味甜且浓驰名中外,20 世纪 80 年代后期在贵州省"两高"沿线地区发展。本章通过试验观测、实地调研等手段,研究分析椪柑优质高产的气候特征,通过研究"两高"沿线椪柑种植的气候条件,为充分利用气候资源,建设优质高产椪柑生产基地提供依据。

4.1 试验观测与调查

4.1.1 试验观测

2011—2012 年进行试验观测,其中 1—8 月每月 1 次到大榕果园场(已种植 17 年,200 亩 *)和大同果园场(已种植 5 年,1 000 亩),对椪柑各生育期及病虫害发生情况进行观测并收集有关资料;9—12 月,每月至少 2 次到上述两个果园场进行椪柑果实生长情况的观测。

椪柑各生育期观测结果如下:

(1)休眠期为 12 月中旬—翌年 3 月下旬;

(2)开花期为 3 月下旬—5 月上旬;

(3)幼果期为 5 月上旬—7 月中旬;

(4)果实膨大期为 7 月中旬—10 月下旬;

(5)果实成熟期为 10 月下旬—12 月中旬。

2011 和 2012 年 12 月上旬测试椪柑果实的糖、酸、维生素 C 等含量,并对椪柑果实产量进行测定。

通过对从江椪柑果实产量进行测定,得到椪柑果树种植 3 年的平均产量为 8.5

---

* 1 亩＝1/15 hm²,下同

kg/株(1 070 kg/亩),种植 4 年的平均产量为 14.0 kg/株(1 720 kg/亩),种植 5 年的平均产量为 20.0 kg/株(2 540 kg/亩),种植 10 年的平均产量为 65.0 kg/株(4 220 kg/亩),最高产量为 125.0 kg/株(8 125 kg/亩);单个果实重量最高为 240 g,最低为 136 g。

4.1.2　调查

2011—2012 年期间项目组多次到椪柑果园进行实地调查,详见表 4.1。

表 4.1　2011—2012 年椪柑果园调查情况

调查时间	地点	物候期	长势	病虫害
2011 年 8 月 19—21 日	从江大榕果园和大同果园(1 200 亩)、天柱县渡马乡果园	果实膨大期	长势好(见图 4.1)	潜叶蛾病害
2011 年 10 月 4—7 日	锦屏敦寨乡龙池村(约 100 亩)	蜡黄期		
2011 年 11 月 11—13 日	岑巩县注溪乡山道水村(约 150 亩)	成熟期		黄龙病病害发生,病果小而畸形,果皮光滑,味酸、苦,叶片硬而黄
2011 年 12 月 7—9 日	从江大榕果园和大同果园(1 200 亩)、天柱县渡马乡果园	成熟采收时期		
2012 年 5 月上旬	从江、榕江、黎平、锦屏、天柱、岑巩等椪柑果园	坐果期		
2012 年 12 月 4—6 日	从江大榕果园和大同果园(1 200 亩)、天柱县渡马乡果园	成熟采收时期	长势好	

从 2011 和 2012 年的调查结果来看,2012 年椪柑产量较高,果农获得了较好的经济效益,特别是大同果园场,果实直径一般在 6 cm 以上,出现了市场供不应求。

4.2　椪柑气候适宜性分析

4.2.1　椪柑主要物候期

贵州省"两高"沿线的椪柑种植主要分布在从江、榕江、黎平、锦屏、天柱、岑巩、三穗等县,随着海拔高度的升高,各气象要素具有明显的差异,导致各地椪柑的物候期也有较大差异,如:海拔 235 m 的从江县,椪柑果树 3 月下旬就陆续开花,到 11 月下旬就陆续成熟;而海拔 400 m 的天柱县,椪柑果树要 4 月上旬才陆续开花,到 12 月中

(a)开花期　　　　　　　　　　　　(b)坐果期

(c)膨大期　　　　　　　　　　　　(d)成熟期

图 4.1　椪柑主要物候期

旬才陆续成熟(见表 4.2)。一般来说,椪柑从开花期到果实成熟期需要 260 d 左右,
≥10 ℃积温平均约 5 100 ℃•d。

表 4.2　椪柑果树物候期及各生育期积温

代表县	物候期	开花	落花落果	生理落果	成熟	开花—果实成熟
从江	出现日期(旬/月)	下/3	下/4	上/7	下/11	
	间隔天数(d)		41	71	143	255
	≥10 ℃积温(℃•d)		740	1 705	3 183	5 628
天柱	出现日期(旬/月)	上/4	上/5	上/7	中/12	
	间隔天数(d)		40	61	163	264
	≥10 ℃积温(℃•d)		684	1 429	2 875	4 988
黎平	出现日期(旬/月)	上/4	上/5	上/7	中/12	
	间隔天数(d)		40	61	163	264
	≥10 ℃积温(℃•d)		675	1 406	2 729	4 810

4.2.2　椪柑产量与气候的关系

(1)从江椪柑果实品质与我国主产区比较

将从江县生产的椪柑果实品质与广东、福建、广西、台湾、重庆、江苏等椪柑主产区进行比较,发现:从江椪柑含糖率高,只比同气候带的广东汕头偏低1个百分点;含酸率低,比同气候带的广州、汕头、漳州偏低0.11~0.22个百分点;糖酸比高,只比同气候带的台湾台中略低;维生素C含量高,只比广东杨村略少;而从江县≥10 ℃积温、年平均气温、1月平均气温与中亚热带的重庆江津相接近,极端最低平均气温比江津还偏低1.6 ℃,但其含糖率、维生素C含量、糖酸比均优越于江津,而含酸率比江津低(见表4.3)。

表4.3　不同种植区域椪柑果实品质的比较

气候带	地点	糖 (%)	酸 (%)	糖酸比	维生素C 含量 (mg/100 ml)	≥10 ℃ 积温 (℃·d)	年平均 气温 (℃)	1月平均 气温 (℃)	极端最低 平均气温 (℃)
南亚热带	贵州从江	12.3	0.52	23.7∶1	30.3	5 806	18.4	7.9	−1.2
	广东广州	10.8	0.63	17.2∶1	29.1	7 683	21.8	13.1	2.2
	广东汕头	13.3	0.72	18.4∶1	27.4	7 649	21.5	13.4	2.8
	广东杨村	10.7	0.47	22.8∶1	31.2	7 547	20.9	11.6	1.3
	福建漳州	10.2	0.74	13.8∶1	30.1	7 491	21.1	12.7	1.2
	广西灵山	10.0	0.45	22.2∶1	17.5	7 417	21.7	12.8	1.3
	台湾台中	10.0	0.41	24.4∶1	16.1	8 139	22.3	15.8	3.0
中亚热带	重庆江津	9.1	0.85	10.7∶1	26.9	6 018	18.4	7.6	0.4
北亚热带	江苏吴县*	9.5	0.91	10.4∶1	26.1	5 066	16.0	3.3	−5.3

注:* 吴县于2000年12月改设为苏州市吴中区和相城区;引自:潘文力,1997

(2)同一品种不同种植区果实品质比较

从江县种植的椪柑品种主要为"和阳"和"八卦芦",两品种的生育期、生态气候条件、产量及果实品质基本相同。以"和阳"为例,其果大蒂平,较均匀,果实纵径一般5.5~6.5 cm,横径一般6.0~7.5 cm,单果重小的一般为136 g,大的可达240 g;3年生椪柑果树平均株产8.5 kg、单产1 070 kg/亩,4年生树平均株产14 kg、单产1 720 kg/亩,5年生树平均株产20 kg、单产2 540 kg/亩,10年生树平均株产65 kg、单产4 220 kg/亩,最高平均株产125 kg、单产8 125 kg/亩。

由表4.4看出,"和阳"品种种植在同一气候带不同地区,其果实品质也因热量条件及极端低温的不同而有较显著差异。"和阳"品种在贵州省从江县种植,其品质优越于广东省汕头市。

表 4.4　"和阳"椪柑株系不同地区气候与品质比较

产地	经度 (°E)	纬度 (°N)	海拔高度 (m)	≥10 ℃ 积温 (℃·d)	年平均气温 (℃)	1月平均气温 (℃)	年极端最低气温平均值 (℃)	单果重 (g)	果形指数	种子数 (粒)	可溶性固形物 (%)	糖 (%)	酸 (%)	糖酸比	维生素C含量 (mg/100 ml)
贵州从江	108.9	23.6	235	5 806	18.4	7.9	−1.2	188	0.91	6	15.1	12.3	0.52	23.7∶1	30.3
广东汕头	116.7	23.4	7.3	7 649	21.5	13.4	2.8	181	0.77	16	12.8	9.17	0.71	12.9∶1	30.6

（3）产量与气候的相关模型

利用积分回归方法，通过对从江县 1986—2010 年逐日平均气温、降水量及日照时数等因子进行逐步筛选，选取出对产量贡献大的因子分别为：4 月中旬—5 月中旬的日平均气温（X_1）（℃）、总降水量（X_2）（mm），以及 7 月中旬至 11 月中旬的总降水量（X_3）（mm），建立气候产量 Y（kg/hm²）的统计模式：

$$Y = 57948.65 + 253.55X_1 - 26.35X_2 + 37.45X_3$$
$$(R = 0.9547, F = 7.87 > F_{0.05} = 1.98)$$

(4.1)

从式（4.1）可见，开花及生理落果期的温度越高，果实生长期的降水量越高，对椪柑产量形成越有利。

4.2.3　椪柑对气候条件的需求

（1）温度条件

椪柑喜温暖湿润的气候，其生长的最适气温为 23～31 ℃，生理活动的有效温度为 12.5～37 ℃，气温低于 12.5 ℃ 或高于 37 ℃ 都会使椪柑的生理活动处于抑制状态以致停止生长，气温升到 35 ℃ 时，椪柑的光合作用降低一半。而贵州省"两高"沿线椪柑种植区：全年日最高气温 ≥30 ℃ 有 80～120 d，≥35 ℃ 只有 8～20 d；4 月中旬至 5 月中旬是从江椪柑开花及生理落果期，此期间 ≥10 ℃ 积温为 693～875 ℃·d；7 月中旬至 11 月中旬为椪柑果实生长发育期，此期间 ≥10 ℃ 积温为 2 571～3 162 ℃·d；全生育期 ≥10 ℃ 积温为 4 600～6 212 ℃·d；年平均气温为 15.3～19.2 ℃，最冷月（1 月）平均气温为 5.6～8.4 ℃，最热月（7 月）平均气温为 24.0～28.5 ℃（见表 4.5）。

（2）降水、日照条件

贵州省"两高"沿线椪柑种植区主要分布在从江县（除月亮山区）各乡镇，以及榕江、黎平、锦屏、天柱、岑巩、三穗等县部分乡镇。椪柑生长一般要求年降水量为 1 000～2 000 mm、相对湿度 75% 左右，多雨或干旱都不利于椪柑生长发育。

表 4.5　不同海拔高度气象要素比较

海拔高度 （m）	≥10 ℃积温 （℃·d）	年平均气温 （℃）	最冷月 平均气温 （℃）	最热月 平均气温 （℃）	4月中旬至 5月中旬 ≥10 ℃积温 （℃·d）	7月中旬至 11月中旬 ≥10 ℃积温 （℃·d）
137	6 212	19.2	8.4	28.5	875	3 162
200	5 905	18.7	8.1	28.0	855	3 099
235	5 806	18.4	7.9	27.7	843	3 061
300	5 625	18.0	7.6	27.2	823	2 995
350	5 512	17.6	7.3	26.8	807	2 942
400	5 338	17.3	7.1	26.4	791	2 890
450	5 240	17.0	6.8	26.0	775	2 837
500	5 114	16.6	6.6	25.6	759	2 784
550	5 011	16.3	6.3	25.2	743	2 731
600	4 858	16.0	6.1	24.8	727	2 678
650	4 703	15.6	5.8	24.4	709	2 624
700	4 600	15.3	5.6	24.0	693	2 571

　　从表 4.6 可知:椪柑生产区的年降水量为 1 117～1 316 mm,年平均相对湿度为 80%～83%,年日照时数为 1 130～1 328 h;椪柑果树开花期至秋梢期(4—11 月)降水量为 947～1 088 mm,且开花期的 4 月中旬—5 月中旬降水量为 188～224 mm、日照时数为 112～144 h;椪柑果实生长发育期的 7 月中旬—11 月中旬降水量为 427～480 mm,占 4—11 月降水量的 42%～46%,日照时数为 552～658 h,占年日照时数的 47%～52%,占 4—11 月日照时数的 58%～63%。

表 4.6　贵州省"两高"沿线椪柑种植区降水量和日照时数

地点	海拔高度 （m）	年平均 相对湿 度（%）	降水量（mm）			日照时数（h）		
			全年	4月中旬— 5月中旬	7月中旬— 11月中旬	全年	4月中旬— 5月中旬	7月中旬— 11月中旬
从江	235	80	1 212	203	435	1 328	138	658
榕江	286	80	1 217	199	442	1 200	139	623
锦屏	343	83	1 316	224	469	1 130	112	569
天柱	400	82	1 306	213	480	1 197	121	599
剑河	511	80	1 211	207	460	1 138	127	552
黎平	569	83	1 307	217	465	1 255	132	628
三穗	627	82	1 117	188	434	1 250	132	620
岑巩	399	81	1 142	193	427	1 239	134	621

（3）土壤条件

贵州省"两高"沿线椪柑果树种植区的土质为红壤、红黄壤和黄壤,经测试:土壤呈弱酸性,pH 值在 5～7 之间。

综上所述,在海拔高度≤350 m 地带种植椪柑,其热量、水分、光照条件都能满足需要;在 350～550 m 地带种植椪柑,水分、光照条件能满足需求,热量条件基本能满足,但 7 月下旬—9 月常有干旱发生,对椪柑果实生长发育有一定的影响;在 550～700 m 地带种植椪柑,水分、光照条件能满足需求,但热量条件不足,≥10 ℃积温偏少,尤其是冬季的霜冻和春季的低温阴雨天气对椪柑果树萌芽、开花有影响。因此,在贵州省"两高"沿线山区推广椪柑生产时,椪柑果实品质最优质区应在 23°～25°N、海拔高度为 100～400 m 地带,同时要注意防旱抗旱和防冻害。

4.3　椪柑气候适宜性区划指标

4.3.1　气象指标选择

当气温在 −7～−9 ℃时椪柑果树主干冻坏,−6～−7 ℃时落叶达 20%～50%,多年平均极端最低气温值为 −4～−5 ℃时,椪柑果树仍可安全越冬。根据分析,从江椪柑开花及生理落果期的 4 月中旬—5 月中旬和果实生长发育期的 7 月中旬—11 月中旬气温是影响椪柑产量的主要气候因子之一,同时考虑≥10 ℃积温作为分析指标。

椪柑生长一般要求年降水量 1 000～2 000 mm,相对湿度 75%左右,多雨或干旱都不利于椪柑生长发育。4 月中旬—5 月中旬开花期降水要适中,过多或过少都会影响挂果;7 月中旬—11 月中旬果实生长发育期需水量较大,属需水关键期。因此,选取 4 月中旬—5 月中旬、7 月中旬—11 月中旬降水进行分析,同时考虑年降水量和 4—11 月果树开花期至秋梢期的降水量作为指标。

椪柑是半耐阴常绿果树。开花至谢花期需充足的光照,如果阴雨天气多,光照不足,则会造成花器官发育不全,坐果率极低,果实极易脱落。从谢花后子房膨大形成幼果开始到果实成熟期需要适宜的光照来积累糖量。故可选取年、3—5 月和 7—10 月日照时数作为光照指标。

4.3.2　区划指标确定

选取贵州省"两高"沿线 34 个气象站点 1981—2010 年的 15 个气候变量(见表 4.7 中的分量来源)作为指标,组成 34×15 的原始数据阵,对原始数据阵进行归一化处理,使各气候变量处于同一量纲,得到标准化数据阵。采用经验正交函数分解法,计算特征根和特征向量,然后衡量各气候因子在椪柑生态气候区划中贡献的大小,找出椪柑种植气候适宜性区划指标。选择对区划贡献较大的气候因子进行模糊聚类分析,建立模糊等价关系,按λ截集水平进行分类,以择优原则进行贵州省"两高"沿线地区椪柑生产气候适宜性区划。

(1)正交函数分解

利用经验正交函数分解,计算得到特征值和特征向量。第Ⅰ主成分方差贡献率36.7%,第Ⅱ主成分方差贡献率29.2%,第Ⅲ主成分方差贡献率19.5%,前3个主成分的方差贡献率已达85.4%。因此,前3个主成分可以表示原要素场的特征(见表4.7)。

表4.7　前3个主成分对应的特征向量及各变量荷载平方和(h^2)

主成分	Ⅰ	Ⅱ	Ⅲ	荷载平方和	分量来源
	0.31	0.13	0.07	3.67*	年平均气温(℃)
	0.34	0.23	0.11	3.82*	≥10 ℃年积温(℃·d)
	0.26	−0.09	0.05	2.64*	7月平均气温(℃)
	0.28	0.18	0.07	2.95*	1月平均气温(℃)
	0.29	0.21	0.08	3.31*	多年平均极端最低气温(℃)
特征向量	0.20	−0.07	−0.12	1.48	4月中旬—5月中旬积温(℃·d)
	0.17	−0.03	0.06	1.31	7月中旬—11月中旬积温(℃·d)
	0.11	−0.04	0.07	0.57	≥35 ℃极端最高气温年出现天数(d)
	−0.11	0.18	−0.06	0.88	年降水量(mm)
	−0.08	0.20	−0.12	0.67	4月中旬—5月中旬降水量(mm)
	−0.13	0.36	−0.09	3.53*	7月中旬—11月中旬降水量(mm)
	−0.06	0.25	−0.18	1.83	4—11月降水量(mm)
	−0.09	−0.17	0.17	0.96	年日照时数(h)
	−0.16	−0.21	0.37	2.91*	3—5月日照时数(h)
	−0.14	−0.18	0.31	2.62*	7—10月日照时数(h)

注:* 表示通过了0.01的显著性水平检验

由表4.7可知,第Ⅰ主成分的特征向量以≥10 ℃年积温和年平均气温是椪柑整个生长发育期的关键因子;多年平均极端最低气温以及1月平均气温的高低是影响椪柑果树是否能安全越冬的主要因子;7月平均气温若过高,会造成异常落果和果实发育缓慢,若过低,则会加快果树谢花和落果。因此,热量条件是影响"两高"沿线椪柑生长发育和自然分布的主要因素。

第Ⅱ主成分的特征向量以7月中旬—11月中旬降水量最大,表明水分条件是保证椪柑高产的重要因素,因该时段是椪柑果实膨大期,若降水偏少,就会限制椪柑产量的提高。

第Ⅲ主成分的特征向量以 3—5 月和 7—10 月日照时数最大,说明光照资源是保证椪柑产量、品质的重要条件,因 3—5 月是椪柑果树的开花期,若遇阴雨寡照,会造成花器官发育不全,坐果率极低,严重影响产量;7—10 月是果实膨大期,若光照不足,会造成果实的含糖低、含酸高,若光照过强,会使果实发生日灼现象。

总的来说,年平均气温、≥10 ℃年积温、7 月平均气温、1 月平均气温、多年平均极端最低气温、7 月中旬—11 月中旬降水量、3—5 月日照时数和 7—10 月日照时数共 8 个因子具有代表性。

(2)模糊聚类分析

在上述分析研究的基础上,选取与椪柑种植分布和生长发育关系密切的 8 个气候因子进行模糊聚类分析。聚类结果,取 $\lambda = 0.98$,得到椪柑生态气候适宜性区划指标(见表 4.8),根据该区划指标,基于 GIS 系统,把贵州省"两高"沿线地区分为 4 个椪柑生态气候区(见图 4.2)。

将经验正交函数分解和模糊聚类分析得出的"两高"沿线椪柑气候适宜性区划结果与椪柑生产区气候实际情况进行比较,发现:椪柑生产区品质最好、产量最高的区域,其年平均气温和 1 月平均气温的下限均比区划结果偏高 1 ℃,而 7 月平均气温的下限比区划结果偏低 0.5 ℃,多年平均极端最低气温大多较区划结果偏高 0.3 ℃;椪柑果树开花期所需的光照和果实膨大期所需的降水、光照与其生产区的实际光照和降水基本相同。除次适宜区多年平均极端最低气温的实际上限比区划结果偏低 0.5 ℃外,其余区域实际气候情况与区划结果基本一致。

表 4.8 贵州省"两高"沿线椪柑气候适宜性区划指标

指标因子	最适宜区	适宜区	次适宜区	不适宜区
年平均气温(℃)	16.5～20.0	16.0～16.5; 20.0～22.0	15.0～16.0; 22.0～26.0	<15.0,>26.0
≥10 ℃年积温(℃·d)	5 500～6 500	5 000～5 500; 6 500～7 000	4 000～5 000; 7 000～8 000	<4 000,>8 000
7 月平均气温(℃)	26.5～30.0	25.5～26.5; 30.0～31.0	23.0～25.5; 31.0～33.0	<23.0,>33.0
1 月平均气温(℃)	6.0～12.0	5.0～6.0; 12.0～13.0	4.0～5.0; 13.0～14.0	<4.0,>14.0
多年平均极端最低气温(℃)	>−1.5	−3.5～−1.5	−5.5～−3.5	<−5.5
7 月中旬—11 月中旬降水量(mm)	400～550	300～400; 550～650	200～300; 650～750	<200,>750
3—5 月日照时数(h)	250～350	200～250; 350～400	150～200; 400～500	<150,>500
7—10 月日照时数(h)	550～650	500～550; 650～700	450～500; 700～800	<450,>800

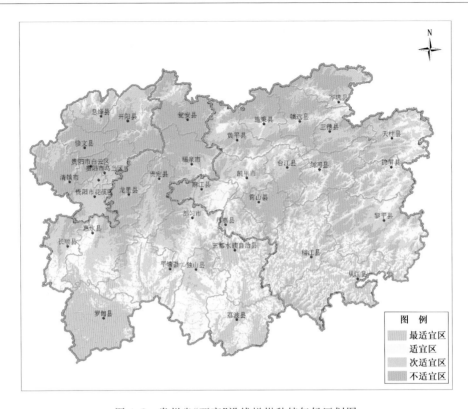

图 4.2 贵州省"两高"沿线椪柑种植气候区划图

4.3.3 分区评述

(1)最适宜种植区(Ⅰ)

气候最适宜种植椪柑果树的共有 6 个县,其海拔高度为 100~400 m,占贵州省"两高"沿线区域的 17.1%。该区域年平均气温 16.2~19.8 ℃,≥10 ℃年积温 5 400~7 000 ℃·d,7 月平均气温 26.6~28.0 ℃,1 月平均气温 5.2~10.4 ℃,多年平均极端最低气温为—1.8~—1.2 ℃,7 月中旬—11 月中旬降水量 400~550 mm,3—5 月日照时数 220~300 h,7—10 月日照时数 550~650 h,保证了椪柑生产关键期对光、热、水的需求。7 月下旬—9 月常受副热带高压控制,热量、光照充足,有利于椪柑果实的糖分积累,但降水偏少,不利于果实的膨大。不过,该区处于林区边缘,生态条件好,土壤湿润,可以弥补自然降水的不足。总之,热量、水分、光照条件都能满足椪柑生产的需求,是椪柑优质高产区域,适宜大面积推广种植。

(2)适宜种植区(Ⅱ)

气候适宜种植椪柑果树的共有 8 个县,其海拔高度在 400~550 m 之间,占贵州省"两高"沿线区域的 22.9%。该区域年平均气温 15.5~16.9 ℃,≥10 ℃年积温

4 800～6 000 ℃・d,7 月平均气温 23.5～27.0 ℃,1 月平均气温 4.8～5.9 ℃,多年平均极端最低气温－4.0～－2.2 ℃,7 月中旬—11 月中旬降水量 400～550 mm,3—5 月日照时数 220～300 h,7—10 月日照时数 550～650 h。落花落果至果实成熟期气温适宜,有利于糖分积累,果实生长发育期降水量能够满足其生理需求,光照充足,产量高,品质较Ⅰ区略差,但椪柑花芽分化期气温偏低,不利于椪柑果树正常形成花芽。总之,该区气候条件适合椪柑生产,可作为椪柑种植推广区域。

（3）次适宜种植区（Ⅲ）

气候次适宜种植椪柑果树的共有 15 个县,海拔高度在 550～750 m 之间,占贵州省"两高"沿线区域的 42.9%。该区域年平均气温 14.6～16.7 ℃,≥10 ℃年积温 4 300～5 000 ℃・d,7 月平均气温 23.6～26.1 ℃,1 月平均气温 3.7～5.5 ℃,多年平均极端最低气温－5.5～－4.3 ℃,7 月中旬—11 月中旬降水量 400～500 mm,3—5 月日照时数 240～280 h,7—10 月日照时数 580～630 h。该区冬、春两季热量条件较差,不利于椪柑果树花芽分化和开花的正常进行,对产量形成有影响,但果实生长发育期的光、热、水条件均较好,能保证果实膨大,其产量较Ⅰ、Ⅱ区低,品质较Ⅰ、Ⅱ区差,不适宜作为椪柑大面积种植推广的区域。

（4）不适宜种植区（Ⅳ）

气候不适宜种植椪柑果树的共有 6 个县,其海拔高度在 800 m 以上,占贵州省"两高"沿线区域的 17.1%。该区域水分、光照条件能满足椪柑生长发育的需要,但热量资源不能满足其生产需求,尤其是冬季的霜冻或雪凝天气和春季的倒春寒天气均较重,严重影响椪柑果树花芽分化和开花,致使其挂果量少,品质差。总之,该区气候条件不能满足椪柑生长发育的需要。

4.3.4　椪柑产业前景展望

综上所述,就气候条件而言,并结合王先俊等（1989）研究成果,贵州省"两高"沿线海拔在 100～550 m 区域内气温适宜,降水充沛（湿度较高）,光照适中,适宜椪柑生长发育,可建立为全省椪柑集中生产基地。但在海拔高度 350～550 m 地带平均每 10 年的冬季会遇到 1 次极端最低气温≤－5.0 ℃的霜冻或雪凝天气,严重威胁椪柑果树的嫩梢部分;在海拔高度 550～750 m 地带平均每 5 年的冬季会发生 1 次极端最低气温≤－6.0 ℃的霜冻或雪凝天气,影响其安全越冬。

在最适宜种植区建立优质椪柑的种植生产基地,充分利用适宜种植区的气候资源和土质条件,进行椪柑种植的示范,建立一批有规模的优质果园,带动椪柑产业发展。在最适宜种植区和适宜种植区,应扩大椪柑栽种面积,尤其是在坡地退耕之后,从长远利益出发,应把椪柑果树作为首要考虑树种之一,有计划地进行栽种。

"从江椪柑"已成为中国知名品牌,主要引进种植品种有"和阳"和"八卦芦",其品质总体上优越于椪柑种植历史悠久的广东、福建、浙江等省份,所以,"从江椪柑"有着无比优越的推广种植前景。

目前,贵州省的椪柑产业化水平不高,无深加工项目,未能形成规模,主要以鲜果方式销售,利润低且不易贮存。未来随着科技进步和产业化发展,应加强椪柑鲜果的保鲜技术和深加工技术研究,形成规模化和品牌化产业。

4.4　椪柑生产区的主要气象灾害及防御

4.4.1　高温

6月中旬—8月,连续5 d日最高气温超过37 ℃的高温天气对椪柑危害很大:一是造成枝干和果实的日灼;二是引起异常落果。日灼一般多发生在树体向阳面受日照时间长的枝干和果实上。异常落果主要是高温干旱灾害天气阻碍了椪柑树的生长发育,果实因得不到发育所需的营养而脱落,对椪柑产量影响最大。如椪柑种植主产区的从江县,2004 年 6 月 28 日至 7 月 12 日连续 15 d日最高气温超过 37 ℃,造成该年椪柑产量减产,品质降低。

从江县丙妹镇 1986—2010 年椪柑产量与各时段气温的相关分析结果(见表4.9)显示,开花期的日平均气温与椪柑产量呈极显著正相关关系,尤其是 4 月中旬—5 月中旬的日平均气温影响最为显著;而果实膨大期的日平均气温与椪柑产量呈显著负相关关系,尤其是 7 月的高温天气影响显著。这是因为开花期正值椪柑营养生长与生殖生长并进的关键阶段,对热量要求较为敏感,若热量不足,会使花器发育不良,坐果率极低。幼果形成期气温不宜过低,否则会加快谢花和落果。7 月是幼果形成末期到果实开始膨大的关键期,遇到高温天气,会造成异常落果和果实发育缓慢。果实成熟期降水和气温的影响不显著(未通过显著性检验)。

表 4.9　各生育期气候因子与椪柑产量的相关系数

生育期	日平均气温	总降水量
开花期(3 月 25 日—5 月 5 日)	0.913 5**	−0.589 6
幼果形成期(5 月 5 日—7 月 13 日)	0.484 2	−0.297 4
果实膨大期(7 月 13 日—10 月 28 日)	−0.653 8*	0.841 8**
果实成熟期(10 月 28 日—12 月 6 日)	0.275 1	0.243 6

注:* 表示相关显著,$r_{0.05}=0.6280$;** 表示相关极显著,$r_{0.01}=0.7714$

贵州省"两高"沿线区域椪柑产量受热量影响最大的有两个时期,即开花期的 4 月中旬和果实膨大期的 7 月中旬—10 月中旬,见图 4.3。

4.4.2　干旱

由表 4.9 看出,果实膨大期的总降水量与椪柑产量呈极显著正相关关系,此期间的降水量是椪柑产量高低的关键因子。这是由于,当地夏季常受副热带高压控制,造成该时段的降水偏少,限制了产量的提高。其他生育期降水量与产量的相关关系没有通过假设检验,说明这些时段的降水基本能满足椪柑生长发育的要求,但开花期降水量偏多易造成落花从而影响产量。积分回归分析结果(见图 4.3)显示,7 月中旬—11 月中旬降水量对产量的影响呈正效应,对果实膨大影响最大的是 9 月份的降水量;开花期的降水对产量影响呈负效应。

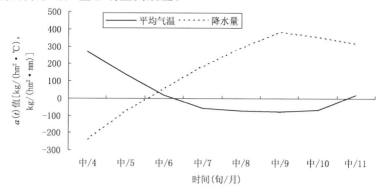

图 4.3　椪柑产量与平均气温、降水量的积分回归 $a(t)$ 变化曲线

　　贵州省"两高"沿线区域降水丰沛,完全可以满足椪柑果树对水分条件的要求。但受季风气候的影响,降水时空分布不均,夏季常受西太平洋副热带高压控制,尤其是 7 月下旬—9 月底,常受高压坝(西太平洋副热带高压与青藏高压连接)控制,有较重的干旱灾害天气发生,特别是 20 世纪 90 年代中期以来,夏季降水持续偏少,尤其是椪柑种植主产区的从江县,2001,2003 和 2005 年的 7 月下旬—9 月总降水量均不足 110 mm(见图 4.4),影响椪柑果实的生长发育。椪柑果实大小不仅与树体养分和结果多少有关,也与夏秋季降水多少有关。从江椪柑果实迅速膨大期的 9—10 月也

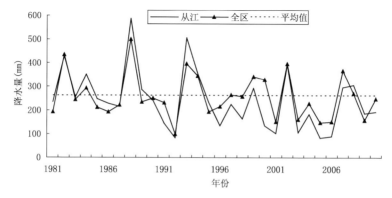

图 4.4　贵州省"两高"沿线及从江历年 7 月下旬—9 月降水量

要求较充足的水分,但从图 4.5 看出,降水的年际变化较大且呈逐渐减少趋势,对椪柑果实膨胀速度有一定的影响。

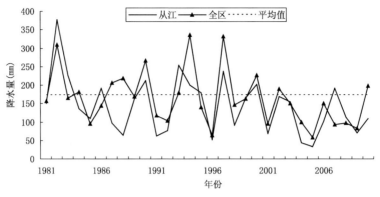

图 4.5　从江椪柑果实迅速膨大期(9—10 月)历年降水量

因此,可修筑山塘水库、蓄水池、小水窖等设施,以便干旱时进行人为调节;还应加强和重视人工增雨工作,充分开发空中云水资源,增强防旱抗旱能力。

4.4.3　霜冻

霜冻是指空气温度突然下降,地表温度骤降到 0 ℃以下,使农作物受到损害,甚至死亡。

贵州省"两高"沿线椪柑种植适宜区和次适宜区常年 12 月下旬—次年 2 月下旬有霜冻天气发生,平均极端最低气温一般在-2 ℃左右,尤其是 1 月遇降雪而积雪未融化之前若出现霜,极端最低气温可达-2～-6 ℃,这严重威胁椪柑果树的嫩梢部分。

因此,在海拔高度 400～700 m 的半山地带种植椪柑果树时,应采取一些防霜冻措施:

(1)通过灌水和喷药延迟椪柑物候期,降低霜冻的影响。

(2)做好人工防霜工作。

(3)加强管理,增强树势,提高椪柑果树的抗霜冻能力,减轻霜冻的危害。

(4)选择南向或东南向坡地种植。

4.4.4　花期低温阴雨

倒春寒是指 3 月下旬至 4 月下旬气温回暖过程中冷空气入侵产生急剧降温,日平均气温<10 ℃,并持续 3 d 以上的天气现象,常伴有阴雨寡照高湿天气。

3—4 月是从江椪柑果树花蕾期至落花幼果期,此期间若发生倒春寒天气,花瓣会冻伤甚至冻死,造成花器官发育不全,坐果率极低;低温阴雨天气,容易造成树根部霉烂,加重落花落果,严重影响产量。全区 1981—2010 年发生重级或以上倒春寒灾害性天气的概率为 61.1%;从发生时间来看,3 月下旬—4 月上旬占 85.7%,4 月中旬占 9.5%,4 月下旬占 4.8%;从地域上来看,倒春寒灾害性天气主要发生在海拔高度 500 m 以上地带,此时椪柑果树处于开花时期,对温度变化非常敏感,倒春寒天气直接影响开花后授粉及坐果率的提高。

因此,对海拔高度 500 m 以上地带的椪柑果树,应积极采取防御措施:

(1)在花瓣开始脱落时每隔 3～4 d 摇花一次,震落花瓣及花丝。

(2)雨天摇树枝抖落水滴。

(3)在果园内放蜂授粉,以减少由于授粉不良引起的落果。

4.5　气象条件对椪柑病虫害发生的影响及防治对策

20 世纪 80 年代,从江县椪柑在生产规模、产品品牌及国际金奖均取得了"三连冠",以及十分显著的社会效益、经济效益与生态效益;进入 90 年代后,由于椪柑黄龙病(又称黄梢病)病害和潜叶蛾、木虱等病虫害的发生,其后迅速扩散,尤其是受砍伐感染黄龙病果树作为治理的唯一方法所诱导,直接弱化了从江椪柑资源优势。

根据 10 多年的观察,从江椪柑果树黄龙病病害、虫害的发生与气象条件密切相关。

4.5.1　黄龙病

(1)黄龙病发生规律

根据有关资料统计,20 世纪 80 年代从江开始种植椪柑,全县少见黄龙病发生,到 90 年代初才开始出现黄龙病病情,90 年代中期之后病情逐渐加重,2000 年后病情发展迅速,受害面积大,范围广,如 2003 年全县受害面积超过 7 000 hm²,2004 年已超过 17 000 hm²。

从江县温度和湿度终年适宜椪柑果树黄龙病菌的繁殖,所以黄龙病一年四季均可发生,以夏梢和秋梢发病为多,春梢和冬梢发病为少,因为冬季和春季气温较低,加上木虱处在越冬期,所以病菌繁殖和发病率低,蔓延速度慢。3—5 月为春梢萌发期和开花及生理落果期,木虱开始在新梢嫩芽上产卵繁殖,春梢也开始受到病菌的危害,5—8 月是从江椪柑夏梢和秋梢生长发育阶段,且从江县日平均气温在 22～32 ℃之间,日平均相对湿度在 75%～95% 之间,这种气象条件有利于黄龙病菌和木虱的发生、发展(繁育)及传播。因此,夏、秋梢发病多、流行重、传染快。

(2)气象条件对黄龙病病害的影响

1)温度

病原生物只有在适宜温度条件下才能正常生长、发育和繁殖,孢子需要在适宜温度下才能萌发。真菌孢子萌发的最适宜温度一般在 20 ℃以上。经观察,从江县气温在 22～28 ℃、空气相对湿度在 80％～90％的条件下,有利于黄龙病病菌的滋生和蔓延;当日平均气温≥25 ℃时,黄龙病的病源就开始存在,当日平均气温≥27 ℃、空气相对湿度≥80％时,最有利于黄龙病的发生和传播。当旬平均气温≥27 ℃时,就会导致大面积的黄龙病病害发生、蔓延和迅速传播。

经统计,从江县 1981—2010 年 5 月—6 月中旬逐日、逐旬平均气温资料,得出连续 5 d 日平均气温≥27 ℃或旬平均气温≥27 ℃主要发生在 20 世纪 90 年代及以后,且集中在 5 月下旬—6 月中旬(见表 4.10),尤其是 90 年代中期之后,气候持续增暖,导致从江椪柑果树发生了大面积的黄龙病病害,且逐渐扩散、蔓延、迅速传播,到 2002 年最为严重。

表 4.10　从江县 1981—2010 年 5—6 月连续 5 d 以上日平均气温或旬平均气温≥27 ℃出现时间

年份	5 月	6 月
1988	3—7 日	7—15 日
1991	20—25 日;5 月 29 日—6 月 2 日	11—15 日
1996		3—7 日
1998		12—16 日
1999		3—7 日;11—17 日
2000		1—6 日
2002		4—9 日
2005	3—17 日;5 月 28 日—6 月 5 日	
2006		20—25 日
2007		18—24 日

2)湿度

在黄龙病病原的入侵过程中,湿度对病原的入侵影响最大,因为大部分真菌孢子在潮湿的空气中发芽最好。对于部分气流传播的真菌,湿度越大,对入侵越有利。当空气相对湿度≥80％时,有利于黄龙病病原生物的存活、生长、繁殖及传播。

从表 4.11 可看出,温度升高之后,降水增多,湿度增大,这种温度和湿度条件都能满足椪柑果树在夏梢和秋梢生长期间的黄龙病病菌的发育所需;由于 7—9 月常受西太平洋副热带高压控制,气温高、晴天多、风速小、日照多,但从江是一个山区县,森林覆盖率高,椪柑果树基本上种植在半山湿润地带,且该地带处于林区边缘,湿度大,有利于黄龙病的发生和流行,导致秋梢的病菌出现高峰。

通过多年的实际研究,发现某日或某月的降水量大于同日或同月的蒸发量时,其平均相对湿度≥80％,反之,平均相对湿度≤70％。

表 4.11　从江县椪柑果树发生黄龙病时的气温、降水、相对湿度分布情况

年份	旬平均气温(℃)				旬降水距平值(mm)					月平均相对湿度(%)			
	5 月		6 月		5 月		6 月			5 月	6 月	7 月	8 月
	中旬	下旬	上旬	中旬	中旬	下旬	上旬	中旬	下旬				
1988	22.2	22.2	25.3	27.0	−23	34	−59	41	139	82	79	81	81
1991	22.8	27.6	26.1	26.6	−49	20	49	−53	−74	80	81	83	83
1996	21.1	23.2	27.4	26.0	−30	−32	−19	36	−35	83	84	85	82
1998	21.0	22.8	24.7	27.0	−24	3	−4	−9	−20	82	86	82	80
1999	24.2	21.9	25.5	27.4	−48	59	−1	−68	34	80	83	86	84
2000	23.2	24.0	27.1	23.1	−3	73	63	−22	178	81	85	80	82
2002	23.3	23.5	27.0	26.1	85	−10	−45	73	50	85	88	83	89
2005	27.0	24.5	26.2	26.4	8	−34	−12	146	11	81	87	82	81
2006	22.1	24.3	24.6	25.7	−25	−3	−28	10	39	76	82	79	78
2007	21.9	25.5	25.0	25.1	22	−4	60	−18	−11	80	85	81	81

从表 4.11 和表 4.12 可看出,当旬降水距平为正值时,相对应的旬降水蒸发差值基本为正,即湿度偏大,反之湿度偏小;当旬降水蒸发差值≥50 mm 时,旬平均相对湿度≥90%,非常有利于黄龙病病菌的繁殖及传播。从而可知,空气湿度的大小与降水变化有密切的联系。

表 4.12　从江县椪柑果树发生黄龙病时的旬降水蒸发差及相应出现最长连续降水日数

年份	降水蒸发差(mm)					日降水量≥0.1 mm 出现最长连续时段			
	5 月		6 月			5 月		6 月	
	中旬	下旬	上旬	中旬	下旬	时段(日期)	日数(d)	时段(日期)	日数(d)
1988	−1	79	−81	68	163	21—25 日	5	16—20 日	5
1991	−32	8	62	−20	−50	26—30 日	5	6—16 日	11
1996	−9	5	−18	67	−25	4—11 日	8	14—20 日	7
1998	4	39	12	34	23	22—24 日	3	16—26 日	11
1999	−44	109	22	−51	76	5 月 22 日—6 月 4 日	14	6 月 21 日—7 月 4 日	14
2000	−3	103	74	17	223	25—31 日	7	18—28 日	11
2002	91	12	−37	119	77	5—10 日	6	7—19 日	13
2005	15	15	20	196	44	17—26 日	10	13—22 日	10
2006	−24	17	27	42	53	24—31 日	8	12—19 日	8
2007	46	5	115	10	9	5 月 27 日—6 月 4 日	9	6—9 日、24—27 日	4

总之,持续降雨日数长,空气湿度偏大,则有利于黄龙病病菌和木虱的存活、繁殖和传播,这也就是20世纪90年代中期之后椪柑果树黄龙病病情逐渐扩散的重要气象因素。

4.5.2 虫害

椪柑的主要虫害有木虱、全爪螨虫(红蜘蛛、瘤皮红蜘蛛)、锈螨(锈壁虱)、潜叶蛾、蚜虫、天牛、黑蚱蝉、吸嘴夜蛾、花蕾蛆、象鼻虫、尺蠖、介壳虫。对椪柑虫害发生、流行具有直接影响的气象要素主要是温度、湿度、降水和风。

(1)温度

椪柑害虫在完成其生命活动(生长、发育、繁殖)的过程中,都需要一定的热能。害虫是变温动物,调节体温的能力较差。害虫体温基本上随外界温度变化而变化,外界温度变化直接影响其代谢率,从而对害虫的生长、发育、繁殖、生存及活动等都有很大影响,这也是外界温度因素对害虫产生作用的根本原因。

椪柑害虫对环境温度有一定的适应范围,最适宜范围为22~30 ℃,在适宜温度范围内其生命活动最旺盛,繁殖后代最多,而不在这一范围(气温过高或过低),则其繁育停滞甚至死亡。害虫在达到一定温度时开始发育,这种温度称为发育起点温度,大多数害虫起点温度为8~16 ℃。

温度对害虫的影响,还因环境温度骤升或骤降使害虫对高温或低温的适应范围缩小。过高或过低的温度,持续时间越长,对害虫伤害越大。春、秋季是冬、夏季的转换季节,温度变幅大,害虫抵抗低温的能力比冬季差。因此,早春和晚秋寒潮降温天气对害虫有较大杀伤力。

从江县属于亚热带季风气候,冬无严寒、夏无酷暑。通过对1961—2010年气象资料的分析,冬季极端最低气温≤0 ℃有70 d,极端最低气温≤−4 ℃只有4 d;夏季极端最高气温≥38 ℃只有9 d。这些气象因素对害虫杀伤力不大,有利于害虫生存、发育、繁殖。

(2)湿度和降水

根据椪柑害虫对湿度的反应,将其划分为好湿性害虫和好干性害虫两类。前者对湿度要求较高,高湿条件下发育、繁殖旺盛,如椪柑橘蚜、橘二叉蚜害虫要求空气相对湿度为70%~80%。

湿度和降水都是通过影响害虫体内含水量而发生作用的,害虫和一切生命体一样,都需要一定水分来维持其正常的生命活动,如其体内的各种生化反应,都是在溶液或胶体状态下进行的。同时,水分的吸收和蒸发也是害虫调节体温的重要途径。当害虫体内水分受到外界影响而失去平衡时,其发育、生存、繁殖等方面会有异常表现。

季节性雨季的来临,也可造成多种椪柑害虫季节性发生,许多椪柑害虫的发生量和危害程度的季节性差异较大。从江县雨季来临的早晚、集中时段常常是当年迁飞性害虫降落以及繁殖危害的重要影响条件。大雨或暴雨对小型害虫、幼虫和卵也有冲刷、粘连等机械致死作用,对迁飞性害虫升、降也有影响。

此外,温度和湿度综合影响害虫的越冬抗寒能力。如秋、冬季低温、高湿,则虫体含水量较高,耐寒性强,越冬死亡较少;若春季回暖后,春雨多,则虫体内代谢开始增快,虫体含水量增加;当夏季高温干旱,特别是温度过高或高温持续时间较长时,害虫体内水分蒸发快,代谢受抑制,发育延迟,容易死亡,且成虫寿命较短,繁殖量较少。

（3）风

风与害虫的活动关系密切,风既能帮助害虫传播到远方,又能阻止害虫飞翔。

许多害虫总是在无风晴朗或微风时飞行活动,当风速增大时,则飞行害虫显著减少。当风速超过 4 m/s 时,害虫一般都停止飞行。对诱蛾灯的诱蛾数与风力进行对比分析,以无风的夜间诱蛾数为 100%,而风力为二级、三级、四级、五级和六级条件下,诱蛾数分别为 93%、81%、63%、46% 和 22%,说明风力对害虫飞翔活动影响很大。

此外,害虫还可以被地面上升气流带到几百千米甚至上千千米以外。所以,对能借助气流运动进行远距离迁飞传播的害虫,可通过分析高空大气环流变化特点,弄清害虫迁飞路径,进而预测害虫发生及危害情况。

4.5.3　防治对策

（1）黄龙病

防治椪柑黄龙病急需高新技术的助力,同时根据"从江椪柑"种植区果农积累的经验,椪柑果树一旦染上了黄龙病病害,就应该积极采取以下防治措施:

1）加强对气象灾害的预测能力,尤其是对 3—5 月的低温阴雨和 7—9 月的高温干旱的气候预测,及早采取有效的减灾对策。

2）严格实施植物检疫,防止病苗输入输出。

3）在建立新椪柑果园时,应尽量远离老果园,以减少自然传播;若发现有黄龙病的植株,应及时挖除病树,消除病菌来源。

4）采用 36% 降黄龙药剂,配套使用 40% 生物营养液肥进行施药。如果施药时遇到高温干旱天气,则浇灌清水后灌根;如果遇到低温阴雨天气,则不宜施药。

5）加强对椪柑果园的水分管理,提高植株的生活能力和抗病能力。5 月—7 月上半月是从江暴雨多发期,为避免积水引起烂根而导致大量落果,应在暴雨季节来临之前修排水沟;7 月下半月至 10 月上半月是该区常发生高温干旱天气时期,若遇此天气,可在椪柑果园地面铺垫杂草等覆盖物,既可以降低椪柑果园地表温度,又可减少土壤水分蒸发;此外,应充分利用有利时机进行人工增雨作业。

（2）虫害

锈壁虱、潜叶蛾、木虱等是"从江椪柑"的主要虫害。锈壁虱主要以幼、若螨群集在椪柑的枝、叶、果上为害,被害果皮或叶片背面变成黑褐色,7—9月是其发生和为害的盛期;潜叶蛾主要是以幼虫潜入嫩叶、嫩枝和幼果的表皮下为害,以蛹和老熟幼虫在晚秋梢和冬梢嫩叶表皮下越冬,一般5月初发生,7—9月是为害盛期;木虱主要为害新梢嫩叶,它是黄龙病的传病昆虫,木虱只产卵于嫩芽,7—8月达到高峰,夏秋梢受害最严重。

防治椪柑虫害应该采取以下措施:

1)冬季清园,剪除枯病枝、残弱枝,树干刷石灰水一次,以减少或消灭越冬虫源。

2)早春进行深耕翻土、疏松土壤,既促进根系生长,又破坏害虫越冬场所,降低害虫基数。

3)在控梢控肥集中放梢的前提下,当新梢抽发期嫩梢抽出1~2 cm时,选择多云或晴天、气温为20~25 ℃、无风或微风的天气条件且在上午10时露水干了之后进行全面喷药;当气温＞30 ℃、风速较大时,不宜喷施药剂。

4)7月中下旬果实膨大期进行果实套袋,防治吸果夜蛾、螨类、蚧壳虫、黑刺粉虱等害虫侵袭果实,同时减少农药使用,采收前7 d左右去袋。

5)用频振式杀虫灯诱杀吸果夜蛾、黑蚱蝉、卷叶蛾等害虫,每4 hm² 安放1盏,安放时间为4—9月。

6)在果园周围栽培防护林,以阻挡木虱的迁飞,减轻木虱的发生。

参 考 文 献

池再香,白慧,刘荣让,等.2007.气候变化对椪柑病害发生的影响及防治[J].气象科技,(4):524-527.

池再香,白慧,罗顺祯.2004.黔东南地区近40年来气候变化研究[J].高原气象,**23**(5):704-708.

池再香,白慧,罗顺祯,等.2004.黔东南州气象灾害对水稻生产影响的研究及对策[J].中国农业气象,**25**(4):39-43.

池再香,白慧,彭兴德,等.2008.黔东南山区椪柑生态气候适宜性分析及区划[J].西南农业学报,(4):1 063-1 068.

池再香,胡跃文,罗顺祯.2005.黔东南州近半个世纪夏季气候变化分析及预测方法[J].贵州气象,**29**(3):9-13.

池再香,龙先菊,刘荣让,等.2008.黔东南椪柑种植的生态气候适应性研究[J].中国农业气象,**29**(3):316-319.

池再香,龙先菊,晏理华,等.2008.贵州东部中亚热带季风湿润区椪柑气候区划[J].气象,(11):101-105.

杜筱玲,魏丽,黄少平,等.2005.蒸发力估算及其在江西省农业水资源评估中的应用[J].中国农业气象,**26**(3):161-164.

段若溪,姜会飞,孙彦坤,等.2002.农业气象学[M].北京:气象出版社:78-82.

黄寿波.1981.浙江柑橘越冬区划的探讨[J].浙江农业大学学报,7(1):11-25.

金志凤,陈先清,张昌记.2005.夏季高温干旱对温州蜜柑果实生长的影响[J].中国农业气象,26(3):184-186.

李耀先,莫新,符合,等.1993.柑橙果实膨大与气象条件的关系[J].气象,(4):50-52.

廖臻瑞,周哲麟,车昌武,等.1989.黔东南苗族侗族自治州综合农业区划[M].贵阳:贵州人民出版社:21-46.

刘荣让,池再香.2005.柑橘病虫害流行与气象条件的关系初探[J].湖北气象,(3):57-58.

潘文力,冼星彩.1997.椪柑栽培技术[M].广州:广东科技出版社:158-161.

彭国照,田宏,范雄,等.2004.基于 GIS 的广安市脐橙气候适应性区划[J].气象,(7):52-55.

施能.1992.气象统计预报中的多元分析方法[M].北京:气象出版社:182-362.

王馥棠,赵宗慈,王石立,等.2003.气候变化对农业生态的影响[M].北京:气象出版社:30-32.

王先俊,卢培凡,李家修,等.1989.贵州省种植区划[M].贵阳:贵州人民出版社:423-432.

魏淑秋.1985.农业气象统计[M].福州:福建科学技术出版社:157-162.

邬平生,龚潜江,吴树立,等.1997.气象学[M].北京:中国农业出版社:12-15.

许炳南,吴俊铭,姚檀桂,等.1992.贵州气候与农业生产[M].贵阳:贵州科技出版社:170-185.

余优森,任三学.1994.温州蜜柑果实生长、品质与气象条件的关系[J].气象,(1):13-16.

植石群,周世怀,张羽.2002.广东省荔枝生产的气象条件分析和区划[J].中国农业气象,23(1):20-24.

中国气象局.2003.地面气象观测规范[M].北京:气象出版社:54-67.

周淑贞,张如一,张超.2000.气象学与气候学[M].北京:高等教育出版社:36-58.

宗德华,池再香.2010.贵州从江椪柑黄龙病的发生及气象条件分析[J].贵州气象,(2):26-28.

第5章　葡萄农业气象观测试验

葡萄属于葡萄科葡萄属多年生落叶藤本植物。葡萄是世界上栽培最普遍的果树之一,其面积和产量居全球果业第二。据联合国粮食及农业组织统计,目前世界上有90多个国家生产葡萄。据考古资料,栽培葡萄的发源地是小亚细亚里海和黑海之间及其南岸地区。多数葡萄园位于 $20°\sim52°$N 之间及 $30°\sim45°$S 之间,大约 95% 的葡萄集中在北半球。近年来我国葡萄产业发展迅猛,发展速度居国内果品之首,据中国农学会葡萄分会消息,截至 2012 年,我国葡萄栽培面积达 55.2 万 hm^2,总产量达 843 万 t,葡萄栽培面积平均每年增加 2 万 hm^2。以现有的发展势头,再过 $7\sim10$ 年,中国葡萄栽培面积将达到 66.67 万 hm^2,产量将突破 1 000 万 t,有望成为全球最大的葡萄生产国。

葡萄品种繁多,适应性强,结果早,产量高,寿命长,经济效益好。在正常管理条件下,葡萄一般两年开始挂果,第三年即可获得丰产。如果壮苗定植精细管理,第二年亩产可达 1 000~1 500 kg,3~5 年进入盛产期,亩产可达 1 500 kg 以上。只要品种优良,按科学技术要求管理,葡萄可连续高产稳产,经济寿命一般为 30~50 年,每年亩产值都在万元以上,即可超出种粮食或其他常规作物 5~10 倍的效益。因此,发展葡萄生产具有显著的经济效益、社会效益和生态效益。葡萄营养价值高,用途广。葡萄果实中含糖高达 15%~28%,有机酸 0.5%~1.4%,蛋白质 0.15%~0.9%,还有矿物质、维生素和 20 多种氨基酸,具有健肾、滋生养血、降低血压、开胃之功效。葡萄鲜果色泽艳丽,清凉多汁,甜酸适口,香甜宜人,深受人们喜爱。葡萄果实除鲜食外,还可加工成葡萄酒、葡萄干、葡萄汁、葡萄罐头等。

贵州葡萄栽培历史很短。20 世纪 30—40 年代,贵阳市才从四川和美国引进品种,80 年代主栽品种只有水晶葡萄,随着经济的发展,人们对葡萄品种及产量的需求也越来越大,通过对葡萄引种,至今贵阳葡萄的栽培品种多达几十种。本章通过对开阳县及花溪区气象因子与葡萄产量、品质的研究,揭示葡萄生长发育与气象条件的内在关系,为合理利用农业气候资源,建立优质葡萄商品生产基地,发展葡萄生产提供气候依据。

5.1　试验样地概况及观测方法

5.1.1　试验样地概况

贵阳市开阳县,位于贵州省中部。地理坐标为 $106°45'\sim107°17'$ E,$26°48'\sim27°22'$ N。最高海拔 1 702 m,最低海拔 506.5 m,平均海拔在 1 000～1 400 m 之间,相对高差 1 195.5 m。开阳县县境大部分地区属亚热带季风性湿润气候,四季分明,春暖风和,冬无严寒,夏无酷暑,水热同季,无霜期长,春迟夏短,秋早冬长,多云雾,湿度大。年平均气温介于 10.6～15.3 ℃之间。最热为 7 月,平均气温 22.3 ℃,极端最高气温 35.4 ℃;最冷为 1 月,平均气温 2 ℃,极端最低气温－10.1 ℃。春、冬、夏季风交替,气温回升缓慢,寒潮频繁,天气多变,气温波动大。夏季光照充足,降水强度大;秋季多为西太平洋副热带高压控制,冬季凝冻重,雾多,日照少。

花溪区位于贵阳城市中心区南部,地势东南面较低、西面偏高,海拔在 1 000～1 200 m 之间,属南北向和东北—西南向的缓丘盆地。花溪地区属于亚热带季风性湿润气候,夏无酷暑,冬无严寒,阳光充足,雨水充沛。年平均气温 15.4 ℃左右,最高气温在每年的 7 月,最低气温在每年的 1 月。年平均降水量 1 157.6 mm,年平均相对湿度 81%。全年无霜期 280 d,日照时数为 1 400 h。风力风向具有明显的季节性变化,冬季多东北风和北风,夏季盛行南风,年平均风速 2.2 m/s。

5.1.2　数据处理

采用 SAS 9.0 软件对研究区域内气象因子、葡萄物候期及品质数据进行简单的统计分析,计算其最大值、最小值、均值、标准差、变异系数。采用相关分析法分析了气象因子与葡萄物候期及葡萄品质之间的相关关系。采用简单数据分析方法对葡萄病害调查结果及病原菌生物学特性数据与气象因子进行相关性分析。

5.2　葡萄物候规律

葡萄与其他果树一样有一定的生长发育规律,随着气候条件改变而有节奏地通过生长期与休眠期,完成年周期发育。在生长期中进行萌发、生长、开花、结果等一系列的生命活动,这种活动的各个时期称为物候期。葡萄物候期反映了一年中葡萄生长发育的规律性变化。物候期变化是葡萄系统发育过程中形成的遗传性与外界环境条件共同作用的结果,尤以气象条件影响较大,物候期与一年中气候的季节性变化相吻合。

葡萄物候期因品种的不同而存在着较大的差异。一般将葡萄的物候期分为以下几个阶段:伤流期、萌芽期、开花期、浆果生长期、浆果成熟期、落叶期等(见图 5.1),具体物候期的观测标准参照表 5.1。

(a)休眠期 (b)萌芽期

(c)展叶期 (d)始花期

(e)盛花期 (f)落花期

(g)浆果膨大始期 (h)浆果膨大盛期

(i)浆果着色期

(j)浆果成熟期

(k)落叶期

图 5.1　葡萄物候期观测

表 5.1　葡萄物候期观测标准

生育期	特征	观测标准
伤流期	树液流动开始,至芽开始萌发为止	划破导管有树液流出
萌芽期	从芽眼萌发到开花期约 40 d 左右	出现新的尖端或新苞片的伸长
开花期	从开始开花至谢花	5%的花开放
浆果生长期	子房开始膨大到浆果开始变软着色为止	果粒大小、种子基本长成
浆果成熟期	果粒开始变软至完全成熟为止	果粒变软有蜡层,种子变褐色
落叶期	浆果生理成熟到落叶为止	树上的叶子几乎全部脱落

　　表 5.2 是贵州开阳县和花溪区的"温克"葡萄物候观测数据,通过观测与资料分析得出:2013 年贵州"温克"葡萄在 3 月下旬树液开始流动,4 月上旬萌芽开始生长,5月下旬为开花期,6 月上旬为浆果生长期,8 月中下旬为浆果成熟期,11 月中旬为落叶期。

表 5.2　贵州葡萄物候期观测

生育期	花溪区	开阳县
伤流期	3 月 23 日	3 月 27 日
萌芽期	4 月 11 日	4 月 16 日
展叶期	4 月 23 日	4 月 30 日
始花期	5 月 22 日	5 月 25 日
盛花期	5 月 25 日	5 月 29 日
落花期	5 月 31 日	6 月 3 日
浆果膨大始期	5 月 31 日	6 月 3 日
浆果膨大盛期	6 月 6 日	6 月 9 日
浆果着色期	7 月 22 日	7 月 26 日
浆果成熟期	8 月 18 日	8 月 23 日
落叶期	11 月 12 日	11 月 18 日

从观测资料中分析得出,开阳县和花溪区温克品种物候期的发生时间有所差异,但两地的物候期间隔天数相似,即伤流期至萌芽期大概需要 20 d;萌芽期至开花期大概需要 40 d;开花期至浆果生长期大概需要 10 d;浆果生长期至浆果成熟期大概需要 70 d;始花期至浆果成熟期大概需要 90 d。开阳县较花溪区而言,伤流期晚 4 d,萌芽期晚 3 d,开花期晚 4 d,浆果生长期晚 3 d,浆果成熟期晚 5 d,落叶期晚 6 d。

5.3　葡萄物候期对气候因子的响应

5.3.1　温度对葡萄物候期的影响

温克葡萄在生长期对温度的要求有明确的"三基点"(即最低温度、最适温度、最高温度)(见表 5.3),开始生长的起点温度为 10 ℃,最适生长温度为 20～30 ℃,最高限制温度为 40 ℃。40 ℃以上时叶片变黄而脱落,果实受日灼。春天,葡萄芽膨大尚未萌发时可耐−2.5～−4 ℃低温,萌发后的嫩梢、花序在 0 ℃以下即可冻死。葡萄开花、新梢生长及花芽分化期的最适温度为 25～30 ℃,温度低于 10 ℃时新梢不能正常生长,而低于 14 ℃时便不能正常开花。28～32 ℃为葡萄成熟的最适温度,在这样的条件下,有利于糖的积累和有机酸的分解。温度低于 14 ℃时,果实糖少酸多,则成熟缓慢;温度高于 40 ℃时,果实糖多酸少,则会出现枯萎,以致干皱。秋天,叶片可耐−1 ℃低温,未成熟果浆可耐−2 ℃左右低温,完全成熟果浆可耐−4 ℃低温,未休眠的冬芽可耐−2～−3 ℃低温。葡萄各生育期前 5 日滑动平均气温见图 5.2,葡萄各生育期间≥0 ℃积温见图 5.3。

表 5.3　葡萄在不同物候期对温度的反应

物候期	低温及其反应	最适温度及其表现	高温及其反应
萌芽期	10 ℃左右开始萌芽,－3 ℃以下时已膨大但尚未萌发的芽开始受冻,0 ℃以下已萌芽的嫩梢受冻	15～20 ℃萌芽整齐、快速	
新梢生长期	春季,12 ℃以上抽出新梢,0 ℃以下嫩梢和幼叶受冻。秋季,10 ℃以下新梢停止生长,－3 ℃以下叶片和未成熟新梢及冬芽受冻	20～30 ℃新梢生长迅速,一昼夜可延长 6～10 cm 或更长	35 ℃以上新梢停止生长,40 ℃以上新梢枯萎,叶片变黄脱落
开花坐果期	15 ℃以上开始开花,低于 15 ℃很少花,且不易坐果,0～3 ℃花器受冻死亡、幼果脱落	25～30 ℃开花迅速,授粉受精良好,坐果率高	35 ℃以上授粉受阻
浆果成熟期	－3 ℃以下浆果受冻,造成生理落果,白天低于 20 ℃,成熟缓慢,糖低酸高,品质差	白天 28～32 ℃、夜间 15～18 ℃浆果成熟加速,色、香、味好,品质优	40 ℃以上浆果易发生日灼,呼吸强度大,消耗养分多,浆果品质下降
落叶期	叶片在 0 ℃以下受冻枯死	3～5 ℃正常落叶	
休眠期	根系－5 ℃受冻,枝芽可耐－18 ℃低温	成熟枝芽 0～8 ℃,根系 0 ℃以上	

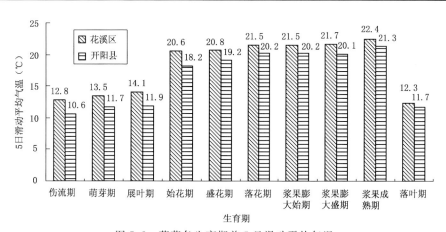

图 5.2　葡萄各生育期前 5 日滑动平均气温

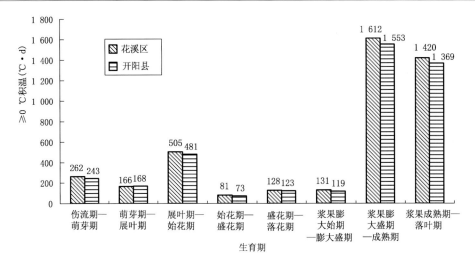

图 5.3　葡萄各生育期间≥0 ℃积温

5.3.2　水分对葡萄物候期的影响

在水分可控的环境条件下,将开阳县温克葡萄中带两个结果枝的植株从萌芽到花期灌水栽培后,设 4 个不同的水分供应处理:

(1)湿:从花期到采收全程供水。

(2)干:从花期到采收全程不供水。

(3)湿/干:从花期到转色供水,而从转色到采收不供水。

(4)干/湿:从花期到转色不供水,而从转色到采收供水(见表 5.4)。

表 5.4　不同物候期水分供应对葡萄质量的影响

水分供应			新梢生长量	果粒	平均粒重	糖	酸
萌芽至花期	花期至转色	转色至采收	(g)	(个/穗)	(g)	(g/L)	(mEq/L)
湿	湿	湿	975	83	11.47	197	77
湿	干	干	638	72	9.33	164	73
湿	湿	干	896	75	10.88	173	78
湿	干	湿	758	66	10.07	193	68

结果表明,新梢生长量从大到小依次为湿、湿/干、干/湿和干,而且后两个处理间无明显差异;株产量的差异与新梢生长量相似,而且株产量的差异是可以预见的。湿/干处理的平均粒重(10.88 g)与湿处理的平均粒重非常接近,而且大大高于干/湿处理的平均粒重(10.07 g)。这一结果表明,葡萄浆果的膨大在很大程度上取决于花期到转色期间的水分供应;在转色期后,葡萄的水分需求下降,而且在此期后,即使是大量供水,也不能挽回在花期到转色期间的干旱所带来的损失。这一结果也说明坐

果 4 周后测定的果粒平均重量可作为产量预测的良好指标的原因。

而在实践中却存在着与上述结果相矛盾的说法,即在采收前的大量降水会大大提高葡萄的产量。但实际上该时期的大量降水是由于葡萄带水增加了重量,而不是葡萄本身提高了产量,因为在这种情况下,特别是小穗的葡萄品种,葡萄表面所带的水分可占其总重量的 4%～6%。

从表 5.4 还可以看出,在温克葡萄成熟期的水分亏缺阻碍了光合作用。干处理和湿/干处理的葡萄汁含糖量比其他处理要低 20～30 g/L,含酸量的变化则没有明显规律。

5.4　气象因子对葡萄品质的影响

近年来贵阳地区葡萄种植面积不断扩大,而品质却参差不齐。在影响葡萄品质的诸多因素中,除了品种特性和栽培技术之外,气象条件是最关键也是起着决定性作用的。能够反映葡萄品质的理化指标多达 10 项,根据前人研究结果,本试验将其缩减为可溶性固形物、总酸、糖酸比和单宁等四项指标。可溶性固形物采用手持糖度仪测定;总酸采用酸碱中和滴定法;单宁采用分光光度计法;糖酸比为可溶性固形物与总酸的比值。

5.4.1　试验观测结果

(1)葡萄品质

在研究区域内,选择葡萄种植区长势良好的葡萄植株共 15 株,相同生长期内,标记长势相近的果穗共 25 个,从浆果着色期开始至浆果成熟期,即 7 月 28 日—8 月 25 日,每隔一个星期随机采摘 5 个果穗,连续采摘 5 个星期。分别获得 4 项品质指标均值,见表 5.5。

表 5.5　不同地区不同时间葡萄品质观测

地区	日期	可溶性固形物(%)	总酸(%)	糖酸比	单宁(%)
花溪区	7 月 28 日	15.8	0.648	24.4	0.034
	8 月 4 日	16.5	0.567	29.1	0.024
	8 月 11 日	17.2	0.552	31.2	0.026
	8 月 18 日	18.0	0.471	38.2	0.025
	8 月 25 日	18.1	0.452	40.0	0.032
开阳县	7 月 28 日	17.5	0.540	32.4	0.034
	8 月 4 日	19.2	0.468	41.0	0.033
	8 月 11 日	19.3	0.435	44.4	0.032
	8 月 18 日	19.5	0.403	48.4	0.033
	8 月 25 日	20.8	0.364	57.1	0.034

　　花溪区与开阳县的各项品质指标的变化趋势存在着一定的相关性：可溶性固形物、糖酸比随生育期的变化呈增大趋势；总酸随生育期的变化呈递减趋势；单宁变化规律不明显。其中，花溪区葡萄的可溶性固形物含量为15.8%～18.1%，变幅不大；总酸为0.452%～0.648%，糖酸比为24～40，二者变幅较大。开阳县葡萄的可溶性固形物含量为17.5%～20.8%，变幅不大；总酸为0.364%～0.540%，糖酸比为32～57，二者变幅相对较大。

　　(2)气象因子

　　每个时期采集相应的气象数据，各项气象指标值见表5.6。由表5.6可见，花溪区与开阳县的各项气象数据存在着一定规律：平均湿度总体上呈上升趋势，气温日较差越来越低。其中，开阳县平均湿度最大值为84.2%，最小值为82.1%；气温日较差最大为10.7 ℃，最小为9.9 ℃。花溪区平均湿度最大值为74.4%，最小值为71.4%；气温日较差最大为11.3 ℃，最小为10.5 ℃。

表5.6　不同地区不同时间气象要素观测

地区	日期	相对湿度(%)	≥0 ℃积温(℃·d)	气温日较差(℃)	总日照时数(h)
开阳县	7月28日	82.1	1 282	10.7	421.1
	8月4日	82.9	1 437	10.4	475.4
	8月11日	83.3	1 596	10.3	511.7
	8月18日	83.9	1 744	10.1	557.5
	8月25日	84.2	1 885	9.9	587.2
花溪区	7月28日	71.4	1 511	11.3	332.3
	8月4日	73.5	1 677	11.1	376.8
	8月11日	73.6	1 859	10.9	405.3
	8月18日	74.6	2 006	10.7	436.8
	8月25日	74.4	2 158	10.5	463.4

5.4.2　试验数据分析

　　(1)气象因子与葡萄品质的统计分析

　　从变异系数来看，变异系数≤10%为弱变异性，10%～100%为中等变异，≥100%为强变异性。由表5.7可以看出，花溪区气象因子中，积温和总日照时数为中等变异性，变异系数分别为15.068%和12.891%；平均湿度和气温日较差均为弱变异性，变异系数分别为0.990%和3.321%；品质指标中，总酸、单宁和糖酸比均为中等变异性，变异系数分别为14.701%，15.938%和19.939%，仅可溶性固形物为弱变异性，变异系数为5.744%。开阳县气象因子中，积温和总日照时数均为中等变异性,变异系数分别为 13.952% 和 12.695%,平均湿度和气温日较差为弱变异性,变异系数分别为 1.693% 和 2.854%;品质指标中,总酸和糖酸比均为中等变异性,变异系数分别为 15.149% 和 20.431%;可溶性固形物和单宁为弱变异性,变异系数分别为 6.106% 和 2.520%。

表 5.7　气象因子与葡萄品质的简单统计分析

| 项目 | 花溪区 | | | | | 开阳县 | | | | |
	最大值	最小值	均值	标准差	变异系数(%)	最大值	最小值	均值	标准差	变异系数(%)
平均湿度(%)	84.2	82.1	83.3	0.82	0.990	74.4	71.4	73.5	1.244	1.693
≥0 ℃积温(℃·d)	1 885	1 282	1 589	239.37	15.068	2 158	1 511	1 842	256.99	13.952
气温日较差(℃)	10.7	9.9	10.3	0.341	3.321	11.3	10.5	10.9	0.311	2.854
总日照时数(h)	587.2	421.1	510.6	65.820	12.891	463.4	332.3	402.9	51.151	12.695
可溶性固形物(%)	18.1	15.8	17.1	0.983	5.744	20.8	17.5	19.3	1.176	6.106
总酸(%)	0.648	0.452	0.538	0.079	14.701	0.540	0.364	0.442	0.067	15.149
单宁(%)	0.034	0.024	0.028	0.004	15.938	0.034	0.032	0.033	0.001	2.520
糖酸比	40.0	24.4	32.6	6.496	19.939	57.1	32.4	44.7	9.126	20.431

葡萄浆果着色期至浆果成熟期,花溪区和开阳县的气象因子中,平均湿度和气温日较差均为弱变异性,而积温和总日照时数均为中等变异性。花溪区的气象因子变异系数,除平均湿度外,其他均大于开阳地区,说明花溪地区的积温、气温日较差和总日照时数的变化范围大于开阳县,而平均湿度变化不大。品质指标中,除单宁外,花溪区的葡萄总酸、可溶性固形物及糖酸比的变异系数均小于开阳县,可能是开阳县的气象因子在葡萄浆果着色期至浆果成熟期变化较小而导致的。

（2）气象因子与葡萄品质的相关分析

通过气象因子与葡萄品质的相关分析,得到相关性分析矩阵(见表 5.8),在花溪区、开阳县样地,通过气象因子与葡萄品质指标的相关分析可知,相对湿度、积温、气温日较差、总日照时数对葡萄的可溶性固形物、糖酸比、总酸品质指标影响均十分显著,对单宁影响均不显著,其中:

相对湿度、积温、总日照时数对葡萄可溶性固形物、糖酸比的形成具有明显的促进作用,相关系数达到 0.90 以上,存在极显著水平的正相关关系;对总酸的形成具有明显的抑制作用,相关系数在 -0.90 以下,存在极显著水平的负相关关系;对单宁的影响不明显,未通过相关性显著性水平检验。

气温日较差对葡萄可溶性固形物、糖酸比的形成具有明显的抑制作用,相关系数在 -0.90 以下,存在极显著水平的负相关关系;对总酸的形成具有明显的促进作用,相关系数达到 0.90 以上,存在极显著水平的正相关关系;同样,对单宁的影响不明显,未通过相关性显著性水平检验。

表 5.8　气象因子与葡萄品质的相关矩阵

地区	项目	相对湿度	积温	气温日较差	总日照时数
花溪区	可溶性固形物	0.987**	0.985**	−0.982**	0.991**
	总酸	−0.992**	−0.977**	0.986**	−0.989**
	糖酸比	0.986**	0.984**	−0.984**	0.989**
	单宁	−0.236	−0.123	0.182	−0.197
开阳县	可溶性固形物	0.897*	0.926*	−0.915*	0.944*
	总酸	−0.941*	−0.987**	0.985**	−0.996**
	糖酸比	0.887	0.982**	−0.975**	0.985**
	单宁	−0.303*	−0.037	0.031	−0.073

注:**表示通过了 0.01 的显著性水平检验;*表示通过了 0.05 的显著性水平检验

在花溪区和开阳县两个样地,通过气象因子与葡萄品质的相关分析,得到了气象因子对葡萄品质指标影响相互印证和统一的结论。相对湿度、积温、气温日较差、总日照时数对葡萄的可溶性固形物、糖酸比、总酸品质指标的影响均十分显著,对单宁影响均不显著。而不同的气象指标对葡萄的品质指标影响的方式不同,其中:相对湿度、积温、总日照时数对葡萄可溶性固形物、糖酸比的形成具有明显的促进作用,对总酸的形成具有明显的抑制作用;而气温日较差对葡萄各项品质指标的影响却与前者相反;同时,各气象因子对葡萄单宁的影响均不明显。

5.5　气象因子对葡萄病害的影响

贵阳属亚热带湿润温和气候,阳光充足,雨水充沛,一般年平均降水量 1 200 mm 左右,但降水的季节分配不均匀,雨水大多集中在 6—8 月,由于葡萄挂果和果实成熟正好与这个季节相重叠,常导致葡萄霜霉病、灰霉病等病害的流行暴发,严重影响葡萄的品质和产量。通过分析葡萄病害发病状况与气象条件间的关系,揭示其内在联系,旨在利用气候的预测预报,在葡萄病害发生或暴发前及时做好预防措施,最大限度地降低或避免因病害造成的农业损失。

5.5.1　气象因子对葡萄霜霉病的影响

在贵州开阳县马坝葡萄园定点、定期对葡萄霜霉病进行田间调查并拍照,并将病样带回实验室鉴定。按照对角线取样法随机选取 10 株夏黑葡萄新梢作为试验对象,每个新梢选取 10 个叶片,自上而下调查病叶率和叶片发病级数;每隔 10 d 按葡萄霜霉病病害分级标准(见表 5.9)进行病害统计,计算其病叶率和病情指数,病叶症状见

图 5.4。气温数据采集自葡萄园中的 DZQ03A 便携式气象仪。

$$病叶率(\%)=调查病叶数/调查总叶数\times100$$

$$病情指数=\sum(各级病叶数\times相对级数值)/(调查总叶数\times9)\times100$$

表 5.9　葡萄霜霉病的分级标准

等级	分级依据
0 级	无病斑
1 级	病斑面积占整个叶面积的 10%
3 级	病斑面积占整个叶面积的 11%~25%
5 级	病斑面积占整个叶面积的 26%~40%
7 级	病斑面积占整个叶面积的 41%~65%
9 级	病斑面积占整个叶面积的 65%以上

(a)正面症状　　　　　　　　　　　　　　　(b)背面症状

图 5.4　葡萄霜霉病叶片症状

　　由表 5.10 可以看出,从 6 月 21 日至 8 月 30 日,日平均气温的变化幅度在 25.4~27.0 ℃之间,相对湿度变化幅度在 70.9%~76.8%之间。从 6 月 21 日开始葡萄霜霉病发病状况较为严重,病叶率达到 32%,病情指数达到 5.1。至 8 月 30 日葡萄霜霉病的病叶率由 32%提高至 72%,病情指数由 5.1 提高至 21.3。

表 5.10　温度、湿度与葡萄霜霉病发生情况的关系

日期	6 月 21 日	7 月 1 日	7 月 11 日	7 月 21 日	7 月 31 日	8 月 10 日	8 月 20 日	8 月 30 日
日平均气温(℃)	26.0	25.4	26.1	27.0	26.6	26.6	26.1	25.7
相对湿度(%)	70.9	73.5	76.8	74.4	73.5	73.6	74.6	74.4
病叶率(%)	32	39	51	53	59	67	69	72
病情指数	5.1	5.8	9.4	11.9	14.1	18.4	20.1	21.3

由图 5.5 可以看出,日平均气温和相对湿度的变化范围较小,而整体呈增大的趋势;葡萄霜霉病病叶率和病情指数的变幅较大,且在 7 月 11 日和 8 月 10 日均出现了大幅度增长。分析表明,7 月 11 日相对湿度出现了峰值,为 76.8%,日平均气温也比较高,为 26.1 ℃;当相对湿度和日平均气温分别保持在 74% 和 26 ℃ 水平时,葡萄霜霉病的病叶率和病情指数均有暴发的趋势。

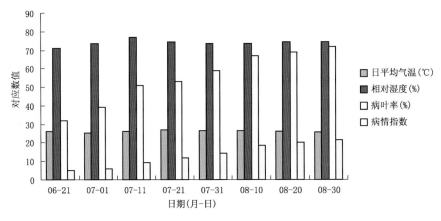

图 5.5　温度、湿度变化与葡萄霜霉病发生趋势关系图

综上所述,当相对湿度保持在 70%、日平均气温保持在 25 ℃ 以上时,葡萄霜霉病可能会出现大暴发,农户应及时全面地做好葡萄霜霉病的防治措施,如通过农业防治(清扫落叶、剪除病梢及建立避雨棚等)、化学防治(如施用 72% 甲霜锰锌、25% 醚菌酯悬浮液等)等措施,尽可能地降低或避免因葡萄霜霉病带来的经济损失。

5.5.2　气象因子对葡萄灰霉病的影响

(1)实验材料

实验菌株从贵阳市开阳县马坝葡萄园内的灰霉病害标样(见图 5.6)上分离纯化获得,菌株保存于马铃薯葡萄糖琼脂培养基(PDA)上。实验前 10 d 在 PDA 平板上活化,于 25 ℃ 黑暗条件下培养,产孢后用无菌水将孢子洗脱,并配制为每毫升含有 10^5 个孢子的悬浮液。实验葡萄为超藤葡萄。室内果实接种实验均设置伤口和非伤口 2 个处理,每颗葡萄接种 20 μl 孢子悬浮液。伤口处理采用接种针刺伤,接种在果实表面伤口处,非伤口接种在果实表面,均以无菌水接种为对照。

(2)实验方法

1)分生孢子的萌发和染病受温度的影响

将葡萄果实伤口和非伤口接种的处理分别置于 5 种不同温度(15,20,25,28 和 32 ℃)条件下黑暗培养,相对湿度控制在 100%。伤口处理每 10 颗葡萄一个温室,非

(a)叶片　　　　　　　　　　　　　　　(b)果实

图 5.6　葡萄灰霉病标样

伤口处理每 25 颗葡萄一个温室,重复 3 次。培养 21 h 后,根据朱书生等(2006)研究方法,采用苯胺蓝染色,在荧光显微镜下镜检非伤口接种处理,观察其果实上分生孢子的萌发状况。3 d 后测量葡萄果实伤口和非伤口接种处理在不同温度处理下病果的病斑面积。

2)菌落生长受温度的影响

将葡萄灰霉病的病原菌培养在 PDA 培养基中,4 d 之后利用直径为 0.5 cm 的打孔器取菌饼接于 PDA 平板中央,分别置于 15,20,25,28 和 32 ℃下黑暗培养,每个处理重复 3 次。6 d 后分别测量菌落的直径,通过计算菌落的净生长量,比较不同温度条件下的菌株生长情况。

3)病斑面积受湿度的影响

分别利用不同的化学试剂如饱和氯化镁、溴化钠、硝酸钾、硫酸铵溶液及蒸馏水配制成不同相对湿度(30%,60%,80%,90% 及 100%)的湿度盒,并利用温度、湿度测定仪对湿度盒进行校对,使其误差控制在 ±2% 范围以内。将接种处理的果实分别置于 5 个不同的湿度盒内,温度控制在 28 ℃,在黑暗条件下培养。伤口处理每 25 颗葡萄一个湿度盒,非伤口处理每 25 颗葡萄一个湿度盒,重复 3 次。在分别培养 6,9,12,18,24 和 48 h 后每个湿度盒取出 3 颗果实,切下接种点果实表皮,利用上述方法,观察其果实上分生孢子的萌发状况。3 d 后测量葡萄果实伤口和非伤口接种的处理在不同湿度处理下病果的病斑面积。

(3)实验结果分析

1)温度对灰葡萄孢菌孢子萌发和致病力的影响

表 5.11 和图 5.7 表明,分生孢子在 15～32 ℃下均可萌发,但不同温度间萌发率呈现显著性差异($P<0.05$)。其中,以 28 ℃下分生孢子的萌发率最高,达 80% 以上;

其次为 32 ℃,萌发率接近 70%;25 ℃萌发率居中;15 ℃下的萌发率最低,尚未达到 20%。温度对菌落生长的影响与孢子萌发相似,菌落在 28 ℃条件下生长最快,25 和 32 ℃次之,20 ℃较差,15 ℃最差。综合分析表明,灰葡萄孢菌孢子萌发和侵染的最适温度均为 25~32 ℃。

表 5.11   温度对灰葡萄孢菌孢子萌发率和菌落直径的影响

温度(℃)	萌发率(%)	菌落直径(mm)
15	17.2	38.0
20	41.7	57.3
25	46.0	77.2
28	85.2	81.0
32	68.5	73.8

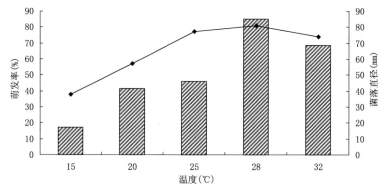

图 5.7   温度与灰葡萄孢菌孢子萌发率(柱状图)和菌落直径(折线图)的关系

2)湿度对灰葡萄孢菌孢子萌发和致病力的影响

不同相对湿度对孢子萌发影响试验结果表明(见表 5.12),湿度显著影响孢子萌发($P<0.05$)。相对湿度 90%和 100%条件下,孢子从 6 h 开始萌发,24 h 后萌发率就达到 80%以上,且 90%和 100%相对湿度条件下孢子萌发率无显著差异($P<0.05$);相对湿度低于 80%的条件下,培养 48 h 后孢子萌发率低于 50%。

表 5.12   相对湿度对灰葡萄孢菌孢子萌发率和病斑面积的影响

相对湿度(%)	萌发率(%)	病斑面积(cm²)
30	37.2	1.4
60	45.7	1.5
80	66.0	1.7
90	82.2	4.1
100	84.5	2.8

不同相对湿度对果实发病面积的影响结果(见表 5.12)表明,相对湿度 90% 和 100% 条件下伤口接种的果实发病面积无明显差异($P<0.05$),但湿度 30%,60% 和 80% 条件下的发病面积较小,且果实发病面积接近。各湿度条件下,非伤口接种果实均未发病。综合湿度对孢子萌发和致病力的影响结果表明,灰葡萄孢菌孢子萌发和孢菌侵染的最适湿度为 90%~100%。

5.6　葡萄常见气象灾害

因受贵州省错综复杂的下垫面影响,如山体高度、大小、坡度、坡向等的综合作用,气候纬度的地带性分布遭到破坏,各地的气候与气候变化特点有着显著的差异,主要表现为辐射、气温、降水、湿度、风随海拔高度的变化,有"十里不同天"之称。在温克葡萄栽培中,除了要考虑葡萄对适宜条件的要求外,还必须注意避免和防护灾害性的气候,如低温、阴雨、连续高温、干旱、霜冻等,这些都可能对温克葡萄生产造成重大损失。

5.6.1　低温

葡萄对低温的表现因生育期的不同而存在差异,若在萌芽展叶期和新梢生长期出现强寒潮和低温,葡萄芽叶会受冻,葡萄萌芽、生长都会受到影响;开花期出现低温胁迫时,葡萄花穗授粉、受精不良,造成落花落果,严重影响葡萄产量,气温低时会导致开花延迟,花期也会随之延长;浆果成熟期出现低温胁迫时,会导致果实着色不良,体内糖分积累受阻,糖少酸多,香味不浓,造成品质降低。此外,低温还会导致植株长势减弱,葡萄病害容易滋生及蔓延。

(1)低温对葡萄枝条的影响

葡萄浆果成熟期的新梢已经开始木质化并越趋成熟,新梢生长速度降低之后,体内糖类(主要是淀粉)先在新梢中间部位累积,然后逐渐向下及向上部分扩展。在葡萄树体的成熟过程中,新梢枝条的组织出现木质化,体内含水量也因干物质的大量积累而降低,为之后葡萄的生长发育及越冬防寒提供物质保障。抗寒的葡萄品种,其枝条组织紧而致密,内部导管小而密度低,射线较发达,木质化程度高。其抗寒机理:内部导管小而密度低,则组织的含水量相对减少,有利于越冬;细胞体积较小,则其总表面积变大,有利于胞内水分以较短距离迁移出细胞,不会引起细胞内结冰;皮层组织主要含活性细胞,较木质部易因低温胁迫而受冻害;木质部细胞的细胞壁厚而坚硬,厚壁可以阻止细胞因冰冻而发生脱水,避免细胞膜破裂及原生质变形,从而起到保护作用。

一年生葡萄枝条上的皮孔数量的多少与其蒸腾量存在关联,且与越冬能力间也存在着明显的联系。一年生葡萄枝条的木质部比芽眼的抗寒性稍强,发育良好的多年生枝蔓比一年生枝蔓的抗寒性稍强,葡萄落叶至入冬前,虽其皮孔组织关闭,但仍然会有较多的水分蒸腾。

(2)低温对葡萄根系的影响

葡萄是蔓性果树,有着极其发达的根系,其根系没有主根,由粗壮的骨干根和分生的侧根及细根组成。品种的抗寒性与根系分布深浅有着密切的关系,抗寒性越强,根系越广,分布越深。葡萄根系的生长并没有节制点,只要环境适宜全年皆可生长。但由于越冬时低温胁迫会使根系处于休眠状态。越冬结束后,当地上葡萄枝蔓的新鲜剪口流出液体时(即伤流),说明地下根系结束休眠,开始正常的生命活动。若葡萄根系越冬时受到较重的冻害,且因早春的地温增加速度缓慢,在芽萌发前往往不一定会出现伤流。

(3)低温对葡萄叶、芽的影响

葡萄枝蔓组织在抗寒性能上的特点主要有:葡萄叶片的栅栏组织和海绵组织细胞较小,海绵组织占叶片厚度的比例较小,而栅栏组织所占比例较大;叶片海绵组织的排列薄而松软,而栅栏组织的排列厚而致密;冬季叶片在$-1\ ℃$时会发生冻害,秋季叶片在$-3\sim-5\ ℃$时会发生冻害。

葡萄芽的组成较为复杂,除了包括冬芽和夏芽外,冬芽上还有主芽和副芽之分。此外,葡萄因品种的不同其枝条节间的长度差异也较大,不同节位上芽的萌芽力也不同,副芽相比主芽更为耐寒。

5.6.2　阴雨

葡萄枝叶在阴雨天气下生长旺盛,新梢徒长,叶柄伸长,叶片薄并呈现黄绿色,产生小果穗,甚至会造成果粒大小不均。持续的阴雨,不利于提高地温,导致葡萄树体抗性降低。若葡萄开花期遇到连阴雨天气,因光照少、雨水多,不仅会影响葡萄开花授粉,还易诱发葡萄病害,如白腐病、灰霉病、霜霉病等,严重时还会引起葡萄落花落果;若葡萄成熟期出现连阴雨天气,葡萄易受雨淋造成开裂腐烂,影响其产量和品质。

5.6.3　连续高温

连续高温会使葡萄萌芽过快,新梢徒长,地上部分与地下部分生长协同性紊乱,导致花序不能继续正常分化;严重时会造成花芽退化,影响花序各器官的分化质量,进而影响葡萄结实率,导致产量降低;温度高会迫使开花提前,花期缩短,开花授粉的时间也相应变短,不利于葡萄坐果,同时授粉不均匀易出现果粒大小不均匀现象,影响葡萄产量和品质;若果实膨大期出现连续高温,会引发葡萄脱水现象,诱发葡萄缩果病,产生黑斑并腐烂,严重影响葡萄的经济效益。

5.6.4　干旱

干旱是指长期无雨或少雨时,使土壤水分不足,作物水分平衡被破坏而致减产的气象灾害。按学科可分为气象干旱、农业干旱、水文干旱等。气象干旱是指在某时段蒸发量和降水量的收支不平衡造成的水分短缺,常以降水量作为指标。对作物而言,在其生长发育过程中,由于气温、降水等原因,土壤含水量过低,使得作物耗水大于吸水,组织内部水分亏缺,导致植株生长发育不良,甚至死亡,造成农作物减产或农产品品质下降。农业干旱以土壤含水量和植物生长状态为特征,是指农业生长季节内因长期无雨,造成大气干旱、土壤缺水、农作物生长发育受抑,导致明显减产,甚至绝收的一种农业气象灾害。水文干旱是指河川径流低于其正常值或含水层水位降低的现象,其主要特征是在特定面积、特定时间段内可利用水量的短缺。若在冬季休眠期间,葡萄枝干内水分供应不足,会出现树体营养消耗增加,造成营养不良、树势减弱,影响花芽进一步分化,并易导致葡萄萌芽期和开花期提前、花序发育不良及结实率降低等严重后果。

5.6.5　霜冻

霜冻有早霜冻和晚霜冻之分。秋末,当气温突然急剧下降至 0 ℃以下,前后温差较大时,葡萄枝芽尚未完成抗寒锻炼,不仅外部水汽凝华成霜,而且组织内结冰,使组织坏死,出现冬芽枯死脱落,枝条髓部和木质部变褐,严重时形成层也冻伤,来年不萌发或很少萌发,轻者来年大减产,树体衰弱,重者绝产,枝蔓大量枯死,甚至整株死亡和毁园。

一般在冬季寒冷、生长期较短的内陆地区容易发生晚霜冻危害,通常是早春气温回升较快,葡萄出土较早,已开始发芽抽梢时,突然又来寒潮,气温下降至 0 ℃以下,使幼嫩新梢受冻枯死,致使葡萄当年减产或绝产。也有早期扦插苗木,因发芽致使嫩梢枯死而毁苗。也有的年份,时至 5 月上旬突然来寒潮,出现晚霜,使幼嫩新梢受到不同程度的冻害。

5.7　结论

本章通过对开阳县及花溪区的气象因子与葡萄品种间关系的研究,揭示葡萄生长发育与气象条件的内在关系、葡萄病害发病状况与气象条件的关系,为合理利用农业气象资源,建立优质葡萄商品生产基地,发展葡萄生产提供气候依据。

葡萄作为多年生的藤本植物,其年生长周期包括营养生长和生殖生长两个周期:营养生长主要包括伤流期、萌芽期、新梢生长期、落叶期和休眠期等;生殖生长期主要包括开花期、浆果膨大期、成熟期等。

研究结果表明,气象条件对葡萄品质的影响是极其重要的。如可溶性固形物与相对湿度、积温及总日照时数呈正相关关系,总酸和单宁与相对湿度、积温及总日照时数均为负相关关系,与气温日较差呈正相关关系等。本结果与前人研究结果存在部分偏差,除误差外,可能与贵州区域气候差异性有关,但也不可忽视土肥、灌水及栽培管理对葡萄品质的影响。

贵阳属亚热带湿润温和气候,雨水充沛,但降水季节分配不均匀,多集中于葡萄挂果和果实成熟的季节,常导致葡萄霜霉病、灰霉病等病害的流行暴发,严重影响葡萄的品质和产量。通过气候的预测预报,在葡萄病害发生或暴发前及时做好预防措施,最大限度地降低或避免因病害造成的农业损失。

参 考 文 献

艾琳.2003.鲜食葡萄抗寒性研究[D].新疆:新疆农业大学.

晁无疾.2000.葡萄优质高效栽培指南[M].北京:中国农业出版社.

贺普超.1999.葡萄学[M].北京:中国农业出版社.

蒋运志,陈宗行,马新建,等.2010.农业气象观测中需注意的问题[J].现代农业科技,(15):338.

李华.2008.葡萄栽培学[M].北京:中国农业出版社.

李伟英,曹秀宝,冯夕文.1997.大泽山地貌、土壤、气候与葡萄生产[J].葡萄栽培与酿酒,(3):33-34.

李艳,李静. 2006.河北省酿酒葡萄基地区划及特点[J].中外葡萄与葡萄酒,(4):60-62.

刘昌岭,任宏波,万中杰,等.2006.大泽山葡萄产地生态地球化学特征[J].物探与化探,30(1):87-91.

刘昌岭,任宏波,朱志刚,等.2005.土壤中营养元素对葡萄产量与品质的影响[J].中外葡萄与葡萄酒,(4):17-20.

刘崇怀.2004.土耳其葡萄生产概况[J].中外葡萄与葡萄酒,(5):63-66.

刘福岭,戴行钧.1987.食品物理与化学分析方法[M].北京:轻工业出版社:105-108.

孟秀美.1988.果树与气象[J].北方果树,(1):38-41.

任宏波,刘昌岭,万中杰,等.2006.大泽山葡萄产区岩土系统地球化学特征[J].中外葡萄与葡萄酒,(1):18-19.

尚红莺,陈卫平,刘英年.2005.风沙土葡萄栽培技术[J].宁夏农林科技,(3):54-55.

王金友.1985.温室葡萄的温度管理和注意事项[J].黑龙江园艺,(3):43-44.

王静芳,孙权,杨琴,等.2007.宁夏贺兰山东麓酿酒葡萄[J].中外葡萄与葡萄酒,(1):26-29.

王秀芹,陈小波,战吉成,等.2006.生态因素对酿酒葡萄和葡萄酒品质的影响[J].食品科学,27(12):791-797.

王宇霖,宗学普,魏闻东.1984.全国葡萄区划研究[J].果树科学,(1):14-28.

王真旭.1983.葡萄园址选择和天气温度的变化[J].黑龙江园艺,(2):30-37.

向双,刘世全,陈庆恒,等.2004.岷江上游干旱河谷葡萄栽培的土壤适宜性研究[J].园艺学报,31(3):297-302.

谢辉,樊丁宇,张雯,等.2011.统计方法在葡萄理化指标简化中的应用[J].新疆农业科学,48(8):1 434-1 437.

修德仁,周荣光.2001.葡萄优良品种及其丰产优质栽培技术[M]. 北京:中国林业出版社.

徐德源,任水莲,喻树龙,等.2004.新疆葡萄品质气候区划[J].中国农业资源与区划,25(2):27-31.

徐德源,王素娟.1990.葡萄品质与气象条件关系的研究[J].新疆气象,**13**(6):17-38.

薛亚锋,周明耀,徐英,等.2005.水稻叶面积指数及产量信息的空间结构性分析[J].农业工程学报,**21**(8):89-920.

严大义.2002.美国加州葡萄栽培概况[J].北方果树,(2):28-29.

严大义,才淑英.1996.葡萄优质丰产栽培新技术[M].北京:中国农业出版社.

张大鹏,罗国光.1992.不同时期水分胁迫对葡萄果实生长发育的影响[J].园艺学报,**19**(4):296-300.

周涛,张富国,白国胜,等.2002.风沙土土壤的磷素状况及施磷对酿酒葡萄品质的影响[J].中国农业科学,**35**(2):169-173.

朱书生,刘西莉,刘鹏飞,等.2006.6 种染色方法对黄瓜霜霉病菌不同发育阶段的染色效果比较[J].植物病理学报,**36**(1):86-90.

Obanor F O, Walter M, Jones E E, et al. 2008. Effect of temperature, relative humidity, leaf wetness and leaf age on Spilocaea oleagina conidium germination on olive leaves [J]. *European Journal of Plant Pathology*, **120**(3): 211-222.

第6章 火龙果寒害气象观测试验

火龙果属仙人掌科三角柱属植物,原产于中美洲的哥斯达黎加、尼加拉瓜、墨西哥、古巴等热带沙漠地区,近年来引种至海南、广东、贵州等地,并大面积商业种植,是一种新兴的具有解毒清血、美容养颜等多种保健功效的水果。火龙果是热带水果,对低温敏感,在许多地区引种栽培后,常常因为冬季的极端低温天气过程遭受寒害,寒害成为火龙果产业发展的主要限制因素(李升锋,2003)。寒害是指热带、亚热带植物在冬季生育期间受到一个或者多个低温天气过程(一般 0~10 ℃,有时低于 0 ℃)影响,导致减产或者死亡。本章利用人工气候室,对火龙果幼苗、成龄树进行不同低温处理,寻找火龙果寒害指标。找出火龙果寒害指标对于火龙果产业防寒减灾、种植区划等具有重要的理论和现实意义。

6.1 试验材料与设备

6.1.1 试验材料

试验材料为火龙果成龄树和幼苗各 60 余株,品种均为紫红龙。成龄树购自罗甸县龙坪镇,6 年生,生长健壮;幼苗购自贵州省果树科学研究所火龙果苗圃,出苗 5 个月,生长良好,见图 6.1。2012 年 4 月 25 日将苗移栽至直径 55 cm、高 35 cm 的圆形塑料花盆中,盆底加塑料托盘,每盆装土量为 30 kg,所用土为林下有机质和黄壤土的混合物,其理化性质为:pH 值为 7.08,有机质 26.78 mg/kg,速效氮 56.54 mg/kg,有效磷 48.64 mg/kg,有效钾 72 mg/kg。成龄树每盆 1 株(盆中插入木棍将其固定),幼苗每盆 3 株,在室外自然光照条件下培养,适当浇水,定期施肥(隔一个月施一次肥),肥料为农家肥鸡粪。当开花时,增施少量有机肥。经过 3 个月的缓苗期后,成龄树和幼苗均生长良好。

6.1.2 主要试验设备

人工气候室是在环境试验、科学研究(诸如种养殖、植保、生物工程等)等领域应用广泛的试验设备。它能模拟自然界的各种气象条件,按照试验要求精确控制室内的温度、湿度、光照等指标,复现各种气候环境。本研究选用博易智汇科技(北京)有限公司建造的人工气候试验室,性能良好(见图 6.2)。试验在两个人工气候室内进行,每个室体积、配置等完全一样,具体技术参数如下:容积 3 m×4 m×3 m＝36 m³;温控范围－5～40 ℃,精度:±1.0 ℃;湿度范围 50％～95％RH,精度:±5％RH;光照强度(离灯光下方 30 cm 处)3 万 lx(勒克斯)。

(a)火龙果成龄树试验材料　　　　　　　(b)火龙果幼苗试验材料

图 6.1　火龙果试验材料

图 6.2　对火龙果成龄树进行预冷处理的人工气候室

6.2　试验方法与设计

6.2.1　试验设计思路

贵州省火龙果寒害是由强冷空气南下带来的低温阴雨天气过程造成的,其特点是:气温低,阴雨连绵,无日照,持续时间较长。这种低温天气对火龙果的伤害主要取决于低温的强度和持续时间。因此,本研究设置低温胁迫试验,主要考虑低温强度和持续时间两个因素。

人工气候室可以设置不同强度的低温,在确定火龙果幼苗和成龄树的低温敏感范围后,利用人工气候室模拟自然条件下低温天气过程的气温日变化规律,即日气温从日最低气温上升至日最高气温,然后再降至日最低气温,在火龙果低温敏感范围内,设置不同强度动态变化低温对其胁迫,然后取其枝条测定相对电导率、丙二醛(MDA)含量、超氧化物歧化酶(SOD)活性和可溶性蛋白含量4项抗寒性生理生化指标,培养观察其形态变化,分析4项指标与不同低温强度及持续时间的定量关系,结合寒害症状观察,确定火龙果树的寒害温度指标。

6.2.2　试验过程

本研究试验分三个过程:

第一个过程是对所有试验材料进行预冷处理7 d,预冷处理温度为10 ℃,对试验材料进行抗寒锻炼。

第二个过程是以25 ℃为对照,将人工气候室分别设置成2,0,−2,−4,−6 ℃共5个不同的恒定低温,将试验材料置于人工气候室进行低温胁迫12 h,然后检测相对电导率、超氧化物歧化酶(SOD)活性、丙二醛(MDA)含量和可溶性蛋白含量4项生理生化指标,之后置于户外继续培养,观察记录15 d形态变化,观察30 d后能否恢复生长。

第三个过程是模拟自然条件下低温天气过程的气温日变化规律,以25 ℃为对照,将人工气候室分别设置成4,2,0,−2 ℃共4个日最低气温的动态变化低温,即温度每日从最低气温上升至最高气温,然后再下降至最低气温。通过分析贵州省各地多年冬春季低温天气过程,发现出现低温天气过程时气温日较差一般在4 ℃左右,所以本研究设定的日最高气温是从日最低气温增加4 ℃。将试验材料分别置于人工气候室1,3,7 d,结束后检测相对电导率、超氧化物歧化酶(SOD)活性、丙二醛(MDA)含量和可溶性蛋白含量4项生理生化指标,并置于户外培养观察15 d形态变化。

(1)预冷处理

2012年9月10日开始进行试验,所有试验材料在试验之前均进行低温预冷处理,即将试验材料搬进人工气候室,温度设置为10 ℃,相对湿度设置为70%(贵州省火龙果种植面积最大县——罗甸县1981—2010年30年冬季相对湿度气候平均值是72.7%,以此为参考设置相对湿度)。光照时间为06:00—18:00,光照强度为2.5万lx,适当浇水,预冷持续7 d。

(2)恒定低温胁迫试验

预冷结束后,对火龙果进行不同恒定低温胁迫试验。试验设置1个对照组和5个试验组,对照组温度设置是25 ℃,5个试验组温度设置分别是2,0,−2,−4,−6

℃,每组 3 盆试验材料,均持续 12 h。试验开始时人工气候试验室以 4 ℃/h 速度降温,试验结束时再以 4 ℃/h 速度升温至 15 ℃(户外温度大约为 15 ℃)。低温胁迫试验结束后,用剪刀剪取一小段枝条,用保鲜袋包装并置于冰镇保温盒中带回试验室,检测相对电导率、超氧化物歧化酶(SOD)活性、丙二醛(MDA)含量和可溶性蛋白含量 4 项生理生化指标,再将试验材料置于户外,提供适当水分、养分进行培养,观察、记录 15 d 试验材料形态外观变化,观察 30 d 后能否恢复生长。

(3)动态变化低温胁迫试验

恒定低温胁迫试验结束后,确定-4 ℃是幼苗和成龄苗的致死温度,而已有的种植经验表明火龙果在 5 ℃可能受到不利影响(来宽忍 等,2006),由于试验材料数量有限,所以我们共设定 4 个日最低气温分别为 4,2,0,-2 ℃的动态变化低温,以25 ℃为对照,分别处理 1,3,7 d(见表 6.1)。

表 6.1　动态变化低温胁迫试验温度设置

	组合代号	温度与时间组合形式
对照组	25℃4h1d	最低气温 25 ℃,持续 4 h,最高气温 29 ℃,处理 1 d
试验组 1	4℃4h1d	最低气温 4 ℃,持续 4 h,最高气温 8 ℃,处理 1 d
试验组 2	4℃4h3d	最低气温 4 ℃,持续 4 h,最高气温 8 ℃,处理 3 d
试验组 3	4℃4h7d	最低气温 4 ℃,持续 4 h,最高气温 8 ℃,处理 7 d
试验组 4	2℃4h1d	最低气温 2 ℃,持续 4 h,最高气温 6 ℃,处理 1 d
试验组 5	2℃4h3d	最低气温 2 ℃,持续 4 h,最高气温 6 ℃,处理 3 d
试验组 6	2℃4h7d	最低气温 2 ℃,持续 4 h,最高气温 6 ℃,处理 7 d
试验组 7	0℃4h1d	最低气温 0 ℃,持续 4 h,最高气温 4 ℃,处理 1 d
试验组 8	0℃4h3d	最低气温 0 ℃,持续 4 h,最高气温 4 ℃,处理 3 d
试验组 9	0℃4h7d	最低气温 0 ℃,持续 4 h,最高气温 4 ℃,处理 7 d
试验组 10	-2℃4h1d	最低气温-2 ℃,持续 4 h,最高气温 2 ℃,处理 1 d
试验组 11	-2℃4h3d	最低气温-2 ℃,持续 4 h,最高气温 2 ℃,处理 3 d
试验组 12	-2℃4h7d	最低气温-2 ℃,持续 4 h,最高气温 2 ℃,处理 7 d

对照组和试验组气温变化是模拟自然条件下低温天气过程气温日变化规律,即每日黎明时分气温为一日最低气温,日出后温度逐渐升高,到下午 14 时达到最高气温,然后温度逐渐下降,直到黎明时降至最低气温。每天分 5 个时间段设置不同温度,以试验组 1 的温度变化情况为例,见表 6.2。

各对照组和试验组处理完成后,立即取枝条送回试验室检测超氧化物歧化酶(SOD)活性、丙二醛(MDA)含量、可溶性蛋白含量和相对电导率 4 项生理生化指标,再将试验植株置于户外,提供适当的水分、养分进行培养,观察、记录 15 d 试验植株形态外观变化。

表 6.2　幼苗试验组 1 不同时间段温度设置

时间	0:00—4:00	4:01—9:00	9:01—14:00	14:01—19:00	19:01—24:00
温度(℃)	4	6	8	6	5

6.2.3　试验方法

(1)观察植株形态变化

各对照组和试验组处理完成后,将整盆试验材料移出户外培养,持续观察、记录15 d有无出现以下寒害症状:枝条出现红褐色铁锈状斑块或者黄色斑块或者黄色水浸状,观察30 d后试验材料能否恢复生长。

(2)生理生化指标检测方法

本节选取相对电导率、超氧化物歧化酶(SOD)活性、丙二醛(MDA)含量和可溶性蛋白含量 4 项生理生化指标来研究火龙果的抗寒性,它们的测定方法如下:

1)相对电导率的测定

质膜是受低温损伤的原初部位,细胞膜透性的变化是低温胁迫的结果。低温造成细胞膜受伤的表现是膜透性的改变和丧失,细胞内物质大量向外渗透,并最终引起细胞死亡。可以用细胞在低温下电解质渗透率的变化来反映组织的伤害程度和植物的抗寒性大小,相对电导率是常用于衡量植物遭受低温胁迫受害程度的重要生理指标。

称取火龙果枝条 6 g,小心去掉刺座,用纱布擦干后,再切成厚度为 0.5 mm 左右的薄片,混合均匀,称取 3 g 置于洁净的广口三角瓶中,加入 30 ml 蒸馏水,在室温下渗透 6 h 后,摇匀,测得初电导率(C_1)。再将三角瓶用保鲜透气膜封口,放入沸水中煮沸 30 min,冷却至室温,静置 6 h,测得终电导率(C_2),按公式(C_1/C_2)×100% 计算出相对电导率。每处理 3 次重复。

2)超氧化物歧化酶(SOD)活性的检测方法

正常情况下,活性氧、自由基及清除它们的酶类和非酶类物质维持平衡状态。低温胁迫下,活性氧和自由基在植物细胞中将大量积累,导致植物细胞膜系统发生膜脂过氧化作用,从而破坏膜结构,使膜内物质向外渗漏,使植物遭受低温伤害。超氧化物歧化酶(SOD)是一种含金属的抗氧化酶,能清除活性氧和超氧化物阴离子自由基(O_2^-),从而减轻低温对细胞的伤害。朱斌等(2001)研究表明,超氧化物歧化酶(SOD)活性的变化与植物的抗逆反应密切相关,几乎所有的环境胁迫都可诱导其活性增加,以减轻对细胞膜的伤害。

参照《植物生理学实验技术》(郝建军 等,2001),利用分光光度法测定超氧化物歧化酶(SOD)的活性。具体操作如下:取枝条(去刺)0.5 g 于预冷的研钵中,加入

1 ml Ph78 磷酸缓冲液(0.2 mol/L 的 NaH_2PO_4 和 0.2 mol/L 的 Na_2HPO_4 溶液配制),在水浴下研磨成匀浆,倒入 10 ml 刻度试管中,加缓冲液定容为 5 ml。取 2 ml 于离心管离心 20 min,上清液即为 SOD 粗提液。

每个样品取 8 个洁净干燥的微烧杯(透明度好)编号,按表 6.3 加入各试剂,反应系统总体积为 3 ml。其中 4~8 号管中磷酸缓冲液和酶液的加入量依样品中酶的活性进行调整,如果酶活性强时,适当减少酶液用量。试剂全部加入后混匀,将 1 号杯置于暗处,其余各杯均置于 25 ℃、4 000 lx 日光灯下反应 20 min,各管受光情况要一致。

表 6.3　反应系统中各试剂用量

杯号	试剂					
	260 mmol/L 磷酸缓冲液(ml)	750 μmol/L NBT(ml)	100 μmol/L EDTA-Na_2(ml)	20 μmol/L 核黄素(ml)	酶液 (μl)	蒸馏水 (ml)
1	0.3	0.3	0.3	0.3	0	1.8
2	0.3	0.3	0.3	0.3	0	1.8
3	0.3	0.3	0.3	0.3	0	1.8
4	0.3	0.3	0.3	0.3	5	1.795
5	0.3	0.3	0.3	0.3	10	1.79
6	0.3	0.3	0.3	0.3	15	1.785
7	0.3	0.3	0.3	0.3	20	1.78
8	0.3	0.3	0.3	0.3	25	1.775

注:NBT 为氮蓝四唑;EDTA-Na_2 为乙二胺四乙酸二钠

在 560 nm 波长下,以 1 号杯调零,测定其余各杯反应体系的吸光度。以 2 和 3 号对照杯 560 nm 波长下的吸光度 OD560 的平均值(A_1)为参比(NBT 被 100% 还原),分别计算不同酶液量抑制 NBT 光化还原的相对百分率。

$$\text{NBT 光化还原的抑制率}(\%) = \left(1 - \frac{A_1 - A_2}{A_2}\right) \times 100\% \qquad (6.1)$$

式中:A_1 为对照杯 OD560;A_2 为加酶杯 OD560。以酶液用量(μl)为横坐标,以 NBT 光化还原的抑制率(%)为纵坐标绘制二者相关曲线。从曲线查得 NBT 光化还原被抑制 50% 所需的酶液量(μl),作为一个酶活力单位(1 U)。

$$\text{SOD 活性}(U \cdot min^{-1} \cdot g^{-1}FW) = \frac{V \times 1\ 000}{B \times W \times t} \qquad (6.2)$$

式中:V 为酶提取液总量(ml);B 为一个酶活力单位的酶液量(μl);W 为样品鲜重(g);t 为反应时间(min)。每处理 3 次重复。

3)丙二醛含量的测定

植物器官在逆境条件下或衰老时,往往发生膜脂过养化作用,丙二醛(MDA)是其产物之一,MDA 的积累会对膜和细胞造成伤害。通常将 MDA 作为膜脂过氧化指标,用于表示细胞膜脂过氧化程度和植物受害程度。本研究测定丙二醛含量的方法参照《植物生理学实验技术》(郝建军 等,2001),具体操作如下:

①MDA 的提取

取火龙果枝条 1 g 将其剪碎,加入 10% 三氯乙酸(TCA)2 ml 和少量石英砂,研磨;进一步加入 8 ml TCA 充分研磨,匀浆液以 4 000 r/min 离心 10 min,上清液即为样品提取液。

②显色反应及测定

吸取 2 ml 提取液,加入 2 ml 0.6% TBA 液,混匀,在试管上加盖塞,置于沸水浴中沸煮 15 min,迅速冷却、离心。取上清液测定 532 nm 和 450 nm 处的 OD 值。对照管以 2 ml 水代替提取液。

③计算

MDA 与硫代巴比妥酸 TBA 反应产物的最大吸收峰在 532 nm,TBA 与可溶性糖(以蔗糖为例)的反应产物的最大吸收峰在 450 nm,根据 Lambert-Beer 定律,最大吸收光谱峰不同的两个组分的混合液,浓度 c 与吸光度 OD 值(A)之间有如下关系:

$$A_1 = c_a \cdot e_{a1} + c_b \cdot e_{b1} \tag{6.3}$$

$$A_2 = c_a \cdot e_{a2} + c_b \cdot e_{b2} \tag{6.4}$$

式中:A_1 为组分 a 和组分 b 在波长 λ_1 时的 OD 值之和;A_2 为组分 a 和组分 b 在波长 λ_2 时的 OD 值之和;c_a 为组分 a 的浓度(mol/L);c_b 为组分 b 的浓度(mol/L);e_{a1} 和 e_{b1} 分别为组分 a 和 b 在波长 λ_1 处的摩尔吸收系数;e_{a2} 和 e_{b2} 分别为组分 a 和 b 在波长 λ_2 处的摩尔吸收系数。

已知蔗糖与 TBA 反应产物在 450 和 532 nm 的摩尔吸收系数分别为 85.40 和 7.40;MDA 和 TBA 显色反应产物在 450 nm 波长下无吸收,吸收系数为 0,于 532 nm 波长下的摩尔吸收系数为 155 000。根据式(6.3)和式(6.4)可得:

$$A_{450} = c_a \times 85.4 \tag{6.5}$$

$$A_{532} = c_a \times 7.4 + 155000 \times c_b \tag{6.6}$$

求解方程得:

$$c_a = 0.01171 A_{450} \tag{6.7}$$

$$c_b = 6.45 \times 10^{-6} \times A_{532} - 0.56 \times 10^{-6} \times A_{450} \tag{6.8}$$

式中:c_a 为蔗糖与 TBA 反应产物的浓度(mol/L);c_b 为 MDA 与 TBA 反应产物的浓度(mol/L)。

根据公式(6.8)即可计算样品提取液中 MDA 的含量,然后再计算每克样品中 MDA 的含量。每处理 3 次重复。

4）可溶性蛋白含量的测定

植物受到低温胁迫时,细胞会不断增加可溶性蛋白含量,提高细胞液浓度,降低其渗透势,保持一定的水压,通过渗透调节而保持植物体内水分,从而减少环境胁迫对细胞的伤害。参照《植物生理学实验技术》(赫建军 等,2001),用考马斯亮蓝 g^{-250} 法测定可溶性蛋白含量。具体步骤如下:称取鲜样 0.5 g 于研钵中,加入 2 ml 蒸馏水和少量石英砂,充分研成匀浆,再加入适量蒸馏水,研磨均匀后移入试管,用蒸馏水定容至 2 5 ml,摇匀后静置片刻,取大约 5 ml 移入离心管,平衡后置 4 000 r/min 离心 10 min,上清液移入玻璃瓶中备用。

取 7 支试管,分别编号后按表 6.4 剂量依次加入标准蛋白质、蒸馏水和考马斯亮蓝染料。每支试管加完后,立即在漩涡混合器上混合。加完染料 20 min 后,在 595 nm 下测定 OD595。以标准蛋白质浓度为横坐标、OD595 为纵坐标,进行直线拟合,得到标准曲线。

表 6.4　标准蛋白质溶液的曲线配方

试管号	1	2	3	4	5	6	7
标准蛋白质(100 μg/ml)	0	0.1	0.2	0.4	0.6	0.8	1.0
蒸馏水(ml)	0.1	0.09	0.08	0.06	0.04	0.02	0
考马斯亮蓝(ml)	3.0	3.0	3.0	3.0	3.0	3.0	3.0

吸取样品提取液 1 ml,放入具塞试管中(每个样品重复 2 次),加入 3 ml 考马斯亮蓝 G-250 溶液,充分混合,放置 2 min 后在 595 nm 下比色,测定 OD595,并通过标准曲线查得蛋白质含量。

$$样品蛋白质含量(\mu g/g\ FW) = C \times V \times D/W \qquad (6.9)$$

式中:C 为查标准曲线值($\mu g/ml$);V 为样品提取液总体积(ml);D 为样品稀释倍数(1 ml/1 ml＝1);W 为样品鲜重(g)。每处理 3 次重复。

6.3　试验结果与分析

6.3.1　幼苗期寒害指标

（1）不同低温处理下幼苗期寒害分析

1）低温处理下幼苗枝条寒害症状

由表 6.5 可见:幼苗经 2 ℃持续处理 12 h 后,外观形态均无明显变化,将其置户外继续培养均可正常生长,说明持续较短时间的 2 ℃低温尚不能对幼苗造成伤害;在 0 ℃下持续 12 h 后,3 株幼苗中有 1 株的枝条零星出现红褐色铁锈状斑块,置于户外培养 3 株均能恢复生长,说明 0 ℃低温持续 12 h 对幼苗植株正常生命活动有一定不利影响,可使其受到轻微的伤害;在-2 ℃条件下持续 12 h 后,3 株幼苗均表现出不同程度的受害症状,但均能恢复生长,说明-2 ℃低温足以使幼苗受害,但这种伤害是可逆的,植株可以通过自身的调节机制修复低温的伤害;当温度在-4 和-6 ℃下持续 12 h 后,所有幼苗枝条变成黄色水浸状,随后糜烂、死亡,不能恢复生长。对照处理植株正常,枝条无冻害特征。由此可见,从症状看,火龙果幼苗期 0 ℃持续 12 h 会使火龙果幼苗受害,温度降至-2 ℃持续 12 h 寒害加重,-4 ℃及以下温度会致死。

表 6.5 不同低温处理 12 h 后幼苗枝条寒害症状及恢复情况

处理温度(℃)	寒害症状	能否恢复生长
对照(25)	无	能
2	无	能
0	一株零星出现红褐色铁锈状斑块,另外两株无明显变化	能
-2	两株出现黄色被抽水状斑块,另外一株零星出现红褐色铁锈状斑块	能
-4	所有植株枝条变成黄色水浸状	否
-6	所有植株枝条变成黄色水浸状	否

不同日最低气温及持续时间处理后幼苗寒害症状见表 6.6。从表 6.6 可以看出:日最低气温越低,持续时间越长,火龙果幼苗寒害症状越重。可以根据火龙果幼苗寒害症状的严重程度,划分出几个临界点:当日最低气温 4 ℃持续 3 d 后,部分火龙果树开始表现出轻微的寒害症状,表明该低温强度和持续时间可使火龙果受到一定不利影响,可作为寒害是否发生的条件;当日最低气温 2 ℃持续 3 d 后,大部分火龙果树表现出轻微的寒害症状,表明该低温强度和持续时间可使火龙果幼苗受到轻微伤害;当日最低气温 0 ℃持续 3 d 后,火龙果表现出比较严重的寒害症状,说明此时的低温强度和持续时间足以使幼苗受到一定程度的伤害;当日最低气温-2 ℃持续 3 d 后,大部分火龙果树受害症状严重,说明该低温强度和持续时间使幼苗受到严重伤害。

2)低温处理下幼苗的相对电导率及半致死温度

通过恒定低温胁迫试验,由图 6.3a 可见,幼苗枝条相对电导率随处理温度的降低而持续上升,但不同温度区间上升幅度不同。经 2 ℃处理后,相对电导率小幅上升,与对照组相比仅增加 11.6%,表明细胞膜透性开始受到低温的影响。从 0 ℃至-2 ℃,相对电导率大幅上升,与对照组相比分别上升了 37.3% 和 71.7%,说明该强度的低温使细胞膜透性大幅增大,电解质大量外渗,以致相对电导率大幅增加。从-4 ℃至-6 ℃,相对电导率增幅放缓,但维持在较高的水平,接近 100%,电解质几乎完全渗漏,说明高强度的低温使细胞膜的选择透过性机制丧失,细胞膜几乎变成全透性。

表 6.6　幼苗低温胁迫后寒害症状

处理方式	寒害症状
对照组	无明显变化
最低气温 4 ℃,处理 1 d	无明显变化
最低气温 4 ℃,处理 3 d	一株枝条零星出现红褐色铁锈状斑块,另外两株无明显变化
最低气温 4 ℃,处理 7 d	一株枝条零星出现红褐色铁锈状斑块,另外两株无明显变化
最低气温 2 ℃,处理 1 d	一株枝条零星出现红褐色铁锈状斑块,另外两株无明显变化
最低气温 2 ℃,处理 3 d	两株枝条零星出现红褐色铁锈状斑块,另外一株无明显变化
最低气温 2 ℃,处理 7 d	均零星出现红褐色铁锈状斑块
最低气温 0 ℃,处理 1 d	一株枝条零星出现红褐色铁锈状斑块,另外两株无明显变化
最低气温 0 ℃,处理 3 d	两株枝条零星出现红褐色铁锈状斑块,另外一株一枝条萎蔫、红色斑块较多
最低气温 0 ℃,处理 7 d	一株大部分枝条出现黄色水浸状,另外两株大部分枝条出现红褐色铁锈状斑块
最低气温 −2 ℃,处理 1 d	均出现红褐色铁锈状斑块
最低气温 −2 ℃,处理 3 d	两株枝条出现红褐色铁锈状斑块,另外一株大部分枝条出现黄色水浸状
最低气温 −2 ℃,处理 7 d	两株大部分枝条出现黄色水浸状,另外一株少数枝条出现黄色水浸状

通过动态变化低温胁迫试验,从图 6.4a 可以看出,日最低气温越低,持续时间越长,相对电导率越高。在日最低气温 4 ℃持续 3 d 后,相对电导率大幅上升达到 65%,4 ℃持续 7 d 及更低的日最低气温处理下相对电导率均在 65% 以上,因此,日最低气温 4 ℃持续 3 d 可作为火龙果幼苗受到寒害的临界点;在日最低气温 0 ℃持续 3 d 后,相对电导率大幅上升达到 80%,0 ℃持续 7 d 及更低的日最低气温处理下相对电导率均在 80% 以上,说明这几种处理方式对火龙果幼苗有了比较严重的伤害,以致电解质大量外渗,因此日最低气温 0 ℃持续 3 d 也可作为火龙果幼苗受到寒害的临界点。

相对电导率随温度降低而上升的过程符合 Logistic 曲线特点。大量研究表明,Logistic 方程能较好地反映低温胁迫处理下植物器官组织随着温度变化的过程。利用电导法配以 Logistic 方程求得拐点温度(LT50)即为半致死温度。Logistic 方程表达式为:

$$Y = \frac{k}{1 + ae^{-bx}} \tag{6.10}$$

式中:Y 为相对电导率(%);x 为处理温度(℃);k,a 和 b 为常数。利用试验数据和 SPSS 18.0 软件拟合得到幼苗的 Logistic 方程为:

$$Y = \frac{111.73}{1 + 0.622e^{-0.283x}} \tag{6.11}$$

方程(6.11)的决定系数(R^2)为0.995,通过了0.01的显著性水平检验($P <$ 0.01),方程成立。据此计算出幼苗半致死温度(LT50)为-1.7 ℃左右。

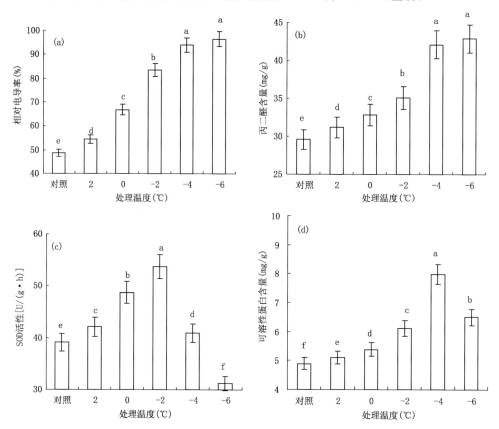

图6.3　火龙果幼苗枝条不同温度处理下相对电导率、丙二醛(MDA)含量、
超氧化物歧化酶(SOD)活性和可溶性蛋白含量
注:小写字母表示各处理间在0.05水平上差异的显著性

3)丙二醛(MDA)含量

丙二醛(MDA)是植物在逆境条件下发生膜脂过氧化作用的产物,常用于表示植物细胞受害程度。通过恒定低温胁迫试验,从图6.3b可知,从2 ℃至-6 ℃,随着温度的降低,幼苗枝条的MDA含量先小幅增加,在-4 ℃时大幅增加,-4 ℃以下温度趋于平稳。原因是低温使细胞发生膜脂过氧化作用,MDA含量增加,但是由于植株自身的保护机制的作用,在一定低温范围内膜脂过氧化作用的强度受到抑制,所以不会立即大幅增加。而当低温强度超过了植株的忍受范围时,植株自身的保护机制失

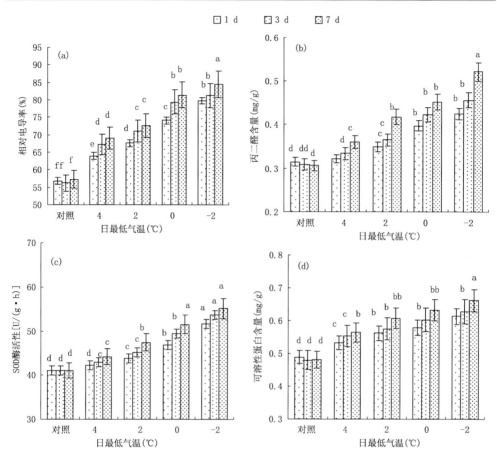

图 6.4　不同日最低气温及持续时间下火龙果幼苗枝条相对电导率、丙二醛(MDA)含量、
超氧化物歧化酶(SOD)活性和可溶性蛋白含量
注：小写字母表示各处理间在 0.05 水平上差异的显著性

效，膜脂过氧化作用强烈，MDA 含量大增。

通过动态变化低温胁迫试验，从图 6.4b 可以看出，日最低气温越低，持续时间越长，MDA 含量越大，因此，温度越低，持续时间越长，火龙果幼苗受害越重。在日最低气温 2 ℃持续 3 d 后，MDA 含量开始达到 0.4 mg/g，2 ℃持续 7 d 及更低的日最低气温处理下均在 0.4 mg/g 以上，因此，选取日最低气温 2 ℃持续 3 d 可作为火龙果幼苗受到寒害的临界点。随着日最低气温的降低或者持续时间的增加，MDA 含量逐渐增加。

4) 超氧化物歧化酶(SOD)活性

植物在逆境下，活性氧和自由基在细胞中将大量积累，导致细胞膜系统发生膜脂过氧化作用,膜结构受到破坏,但细胞中的超氧化物歧化酶(SOD)能清除细胞中过多的活性氧和超氧化物阴离子自由基(O^{2-}),从而减轻低温对细胞的伤害。通过恒定低温胁迫试验,由图 6.3c 可知,从 2 至 -2 ℃,幼苗枝条 SOD 活性随着温度的降低而持续增加,特别在 0 和 -2 ℃处理后,SOD 活性与对照组相比分别增加 24.6% 和 37.3%,说明 0 ℃以下低温强烈刺激了细胞中的 SOD 活性以清除过多的活性氧和自由基。经 -2 ℃以下温度处理后,SOD 活性大幅降低,尤其是经 -6 ℃处理后,SOD 活性仅为对照的 80%,原因是此时的低温强度已超过植株的忍受范围,酶系统损伤严重。

通过动态变化低温胁迫试验,从图 6.4c 可以看出,日最低气温越低,持续时间越长,SOD 活性越大。原因是低温诱导 SOD 活性增加,以减轻低温对细胞的伤害。在日最低气温 2 ℃持续 3 d 后,SOD 活性大幅增加达到 45 U/(g·h),2 ℃持续 7 d 及更低日最低气温处理下均在 45 U/(g·h)以上,因此,日最低气温 2 ℃持续 3 d 可作为火龙果幼苗受到寒害的临界点。

5)可溶性蛋白含量

植物受到低温胁迫时,细胞会不断提高可溶性蛋白含量以提高细胞液浓度,降低其渗透势,保持一定的水压,通过渗透调节而保持植物体内水分,从而减少低温对细胞的伤害。通过恒定低温胁迫试验,由图 6.3d 可知,从 2 ℃至 -4 ℃,随着温度的降低,幼苗的可溶性蛋白含量逐渐增加,特别是经 -4 ℃处理后,可溶性蛋白含量与对照组相比增加 63.2%,说明低温迫使植株启动自身调节机制,提高可溶性蛋白含量以抵御低温对自身的伤害。经 -6 ℃处理后,可溶性蛋白含量大幅下降,说明此时的低温强度超过植株的忍受范围,植株已受到严重伤害。

通过动态变化低温胁迫试验,由图 6.4d 可知,日最低气温越低,持续时间越长,可溶性蛋白含量越高。在日最低气温 4 ℃持续 3 d 后,可溶性蛋白含量开始增至 0.55 mg/g,4 ℃持续 7 d 及更低的日最低气温处理下均在 0.55 mg/g 以上,因此,日最低气温 4 ℃持续 3 d 可作为火龙果幼苗受到寒害的临界点。同时,在日最低气温 2 ℃持续 7 d 后,可溶性蛋白含量开始增至 0.6 mg/g,更低的日最低气温处理下几乎均在 0.6 mg/g 以上,因此,日最低气温 2 ℃持续 7 d 也可作为火龙果幼苗受到寒害的临界点。

(2)火龙果幼苗期寒害指标

根据不同低温胁迫下火龙果幼苗的相对电导率、MDA 含量、SOD 活性和可溶性蛋白含量,同时结合寒害症状,可以得出:低温使火龙果幼苗受到伤害,且温度越低,受害越严重。随着温度的降低,幼苗在 0 ℃开始受到伤害,半致死温度(LT50)为 -1.7 ℃,致死温度为 -4 ℃左右。

通过分析对照组和各试验组火龙果幼苗低温胁迫后相对电导率、SOD 活性、MDA 含量和可溶性蛋白含量 4 项生理生化指标的变化规律,结合寒害症状,可知:

日最低气温越低,持续时间越长,火龙果幼苗受害越严重,从而可以找出不同的日最低气温和持续时间作为临界点来划分火龙果幼苗的寒害等级:

1)经日最低气温 4 ℃持续 3 d 处理后,火龙果幼苗开始表现出寒害症状,相对电导率、SOD 活性、MDA 含量和可溶性蛋白含量与对照组及持续 1 d 试验组相比均增加,因此,可以认为日最低气温 4 ℃持续 3 d 是火龙果幼苗受到寒害的上限。

2)经日最低气温 2 ℃持续 3 d 处理后,火龙果幼苗开始出现轻微的寒害症状,相对电导率、SOD 活性、MDA 含量和可溶性蛋白含量与持续 1 d 及日最低气温 4 ℃的试验组相比均增加,因此,可以确定日最低气温 2 ℃持续 3 d 是火龙果幼苗轻微受害的一个临界点。

3)经日最低气温 0 ℃持续 3 d 处理后,寒害症状明显,相对电导率、SOD 活性、MDA 含量和可溶性蛋白含量与持续 1 d 及 2 ℃试验组的相比均增加,因此,可以确定日最低气温 0 ℃持续 3 d 是火龙果幼苗中等程度受害的临界点。

4)经日最低气温 −2 ℃持续 3 d 处理后,受害症状严重,相对电导率、SOD 活性、MDA 含量和可溶性蛋白含量与日最低气温 −2 ℃持续 1 d 及 0 ℃试验组相比均增加,因此,可以确定最低气温 −2 ℃持续 3 d 是火龙果幼苗严重受害的临界点。综上所述,得出火龙果幼苗的寒害指标(见表 6.7)。

表 6.7　火龙果幼苗寒害指标

寒害等级	指标
1(轻微)	$2 \leqslant T_{min} \leqslant 4, LD \geqslant 1$
2(中等)	$0 \leqslant T_{min} < 2, 1 \leqslant LD \leqslant 3$
3(严重)	$0 \leqslant T_{min} < 2, LD \geqslant 4; -2 \leqslant T_{min} < 0, 1 \leqslant LD \leqslant 3$
4(极重)	$-2 \leqslant T_{min} < 0, LD \geqslant 4; T_{min} < -2, LD \geqslant 1$

注:T_{min} 为日最低气温(℃);LD 为日最低气温持续时间(d)

6.3.2　成龄树寒害指标

(1)不同低温处理下成龄树寒害分析

1)低温处理下成龄树枝寒害症状

由表 6.8 可见,成龄树经 2 和 0 ℃低温持续处理 12 h 后,外观形态均无明显变化,将其置于户外继续培养均可正常生长,说明持续较短时间的 2 和 0 ℃低温尚不能对成龄树造成伤害。在 −2 ℃条件下持续 12 h 后,3 株成龄树中有 1 株表现出受害症状,但仍能恢复生长,说明 −2 ℃低温可使成龄树受害,但这种伤害是可逆的,植株可以通过自身的调节机制修复低温的伤害。当温度在 −4 和 −6 ℃下持续 12 h 后,所有成龄树的枝条均变成黄色水浸状,随后糜烂、死亡,不能恢复生长。由此可见,从症状看,−2 ℃持续 12 h 可使火龙果成龄树受害,温度降至 −4 ℃及以下会致死。

表 6.8 不同低温处理 12 h 成龄树枝条寒害症状及恢复情况

处理温度(℃)	受害症状	能否恢复生长
对照(20 ℃)	无明显症状	能
2	无明显症状	能
0	无明显症状	能
−2	一株出现黄色被抽水状斑块,另两株无明显变化	能
−4	所有植株枝条变成黄色水浸状	否
−6	所有植株枝条变成黄色水浸状	否

从表 6.9 可以看出,日最低气温越低,持续时间越长,火龙果寒害症状越重。可以根据火龙果寒害症状的严重程度,划分出几个临界点:当日最低气温 4 ℃持续 3 d 后,部分火龙果树表现出轻微的寒害症状,表明该低温强度和持续时间可使火龙果受到一定不利影响,可把 4 ℃持续 3 d 作为寒害发生的上限;当日最低气温 2 ℃持续 3 d 后,大部分火龙果树表现出轻微的寒害症状,表明该低温强度和持续时间可使火龙果受到轻微伤害;当日最低气温 0 ℃持续 3 d 后,火龙果表现出比较严重的寒害症状,说明此时的低温强度和持续时间足以使成龄树受到一定程度的伤害;当日最低气温 −2 ℃持续 3 d 后,大部分火龙果树受害症状严重,说明该低温强度和持续时间使成龄树受到严重伤害。

表 6.9 不同日最低气温及不同持续时间处理后成龄树枝条寒害症状

处理方式	寒害症状
对照(20 ℃)	无明显变化
最低气温 4 ℃,处理 1 d	无明显变化
最低气温 4 ℃,处理 3 d	一株枝条零星出现红褐色铁锈状斑块,另外两株无明显变化
最低气温 4 ℃,处理 7 d	一株枝条零星出现红褐色铁锈状斑块,另外两株无明显变化
最低气温 2 ℃,处理 1 d	无明显变化
最低气温 2 ℃,处理 3 d	两株枝条零星出现红褐色铁锈状斑块,另外一株无明显变化
最低气温 2 ℃,处理 7 d	二株枝条均零星出现红褐色铁锈状斑块
最低气温 0 ℃,处理 1 d	一株枝条零星出现红褐色铁锈状斑块,另外两株无明显变化
最低气温 0 ℃,处理 3 d	两株枝条零星出现红褐色铁锈状斑块,另外一株出现黄色被抽水状斑块
最低气温 0 ℃,处理 7 d	三株大部分枝条出现红褐色铁锈状斑块
最低气温 −2 ℃,处理 1 d	两株少数枝条出现红褐色铁锈状斑块,另外一株无明显变化
最低气温 −2 ℃,处理 3 d	两株少数枝条出现黄色被抽水状斑块,另外一株大部分枝条出现红褐色铁锈状斑块
最低气温 −2 ℃,处理 7 d	两株大部分枝条出现黄色被抽水状斑块,另外一株少数枝条出现黄色被抽水状斑块

2)低温处理下成龄树枝条的相对电导率及半致死温度

通过恒定低温胁迫试验,由图 6.5a 可见,成龄树枝条相对电导率随处理温度的降低而持续上升,但不同温度区间上升幅度不同。从 2 ℃至 0 ℃,相对电导率小幅上升,与对照组相比分别增加 18.0% 和 32%,表明细胞膜透性开始受到低温的影响。从 -2 ℃至 -4 ℃,相对电导率大幅上升,与对照组相比分别上升了 58.0% 和 107.8%,说明该强度的低温使细胞膜透性大幅增大,电解质大量外渗,以致相对电导率大幅增加。从 -4 ℃至 -6 ℃,相对电导率增幅放缓,但维持在较高的水平,接近 100%,电解质几乎完全渗漏,说明高强度的低温使细胞膜的选择透过性机制丧失,细胞膜几乎变成全透性。

通过动态变化低温胁迫试验,由图 6.6a 可以看出,日最低气温越低,持续时间越长,相对电导率越高。在日最低气温 2 ℃持续 3 d 后,相对电导率大幅上升达到 65%,2 ℃持续 7 d 及更低的日最低气温处理下相对电导率均在 65% 以上,因此,日最低气温 2 ℃持续 3 d 可作为火龙果成龄树受到寒害的临界点;在日最低气温 0 ℃持续 7 d,日最低气温 -2 ℃持续 3 和 7 d 处理后,相对电导率均在 80% 以上,其中日最低气温 -2 ℃持续 7 d 后相对电导率接近 90%,说明这几种处理方式使火龙果成龄树有了一定程度的伤害,以致电解质大量外渗,因此这几种温度和持续时间处理也可作为火龙果成龄树受到寒害的临界点。

利用试验数据和 SPSS 18.0 软件拟合得到成龄树的 Logistic 方程为:

$$Y = \frac{149.17}{1 + 1.439e^{-0.165x}} \tag{6.12}$$

方程(6.12)的决定系数(R^2)为 0.951,通过了 0.01 的显著性水平检验($P < 0.01$),方程成立。据此计算出成龄树半致死温度(LT50)为 -2.2 ℃左右。

3)丙二醛(MDA)含量

通过恒定低温胁迫试验,从图 6.5b 可知,从 2 ℃至 -6 ℃,随着温度的降低,成龄树枝条的 MDA 含量先小幅增加,在 -4 ℃下大幅增加,尤其是经 -4 ℃处理后,MDA 含量与对照组相比增加 46.3%,经 -6 ℃处理后 MDA 含量趋于平稳。原因是低温使细胞发生膜脂过氧化作用,MDA 含量增加,但是由于植株自身的保护机制的作用,在一定低温范围内膜脂过氧化作用的强度受到抑制,所以不会立即大幅增加。而当低温强度超过了植株的忍受范围时,植株自身的保护机制失效,膜脂过氧化作用强烈,MDA 含量大增。

通过动态变化低温胁迫试验,从图 6.6b 可以看出,日最低气温越低,持续时间越长,MDA 含量越大,因此,温度越低,持续时间越长,火龙果成龄树受害越重。在日最低气温 2 ℃持续 3 d 后,MDA 含量开始达到 0.4 mg/g,2 ℃持续 7 d 及更低的日最低气温处理下 MDA 均在 0.4 mg/g 以上,因此,选取日最低气温 2 ℃持续 3 d 作

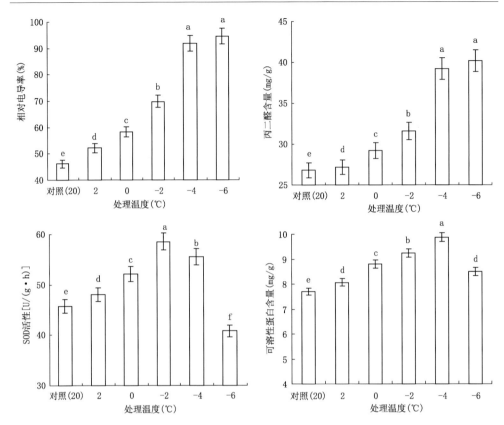

图 6.5 火龙果成龄树枝条不同温度处理下相对电导率、丙二醛（MDA）含量、
超氧化物歧化酶（SOD）活性和可溶性蛋白含量

注：小写字母表示各处理间在 0.05 水平上差异的显著性

为火龙果成龄树受到寒害的临界点。随着日最低气温的降低或者持续时间的增加，MDA 含量逐渐增加。

4）超氧化物歧化酶（SOD）活性

通过恒定低温胁迫试验，由图 6.5c 可知，随着温度的降低，SOD 活性先增加后降低。从 2 ℃至−2 ℃，成龄树枝条 SOD 活性随着温度的降低而持续增加，特别在−2 ℃处理后，SOD 活性与对照组相比增加 17.0%，说明−2 ℃低温强烈刺激了细胞中的 SOD 活性以清除过多的活性氧和自由基。经−2 ℃以下温度处理后，SOD 活性降低，尤其是经−6 ℃处理后，SOD 活性大幅降低，仅为对照的 89.2%，原因是此时的低温强度已超过植株的忍受范围，酶系统损伤严重。

通过动态变化低温胁迫试验，从图 6.6c 可以看出，日最低气温越低，持续时间越长，SOD 活性越大。原因是低温诱导 SOD 活性增加，以减轻低温对细胞的伤害。在

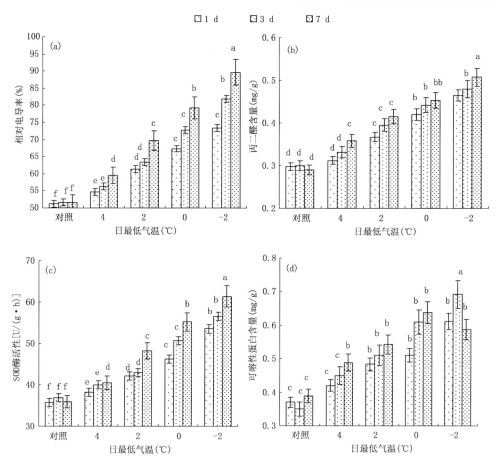

图 6.6　不同日最低气温及持续时间下火龙果成龄树枝条相对电导率、丙二醛（MDA）含量、
超氧化物歧化酶（SOD）活性和可溶性蛋白含量
注：小写字母表示各处理间在 0.05 水平上差异的显著性

日最低气温 2 ℃持续 3 d 后，SOD 活性大幅增加接近 50 U/（g·h），2 ℃持续 7 d 及
更低日最低气温处理下均在 50 U/（g·h）以上，因此，日最低气温 2 ℃持续 3 d 可作
为火龙果成龄树受到寒害的临界点；在日最低气温 0 ℃持续 7 d，日最低气温 −2 ℃
持续 3 和 7 d 处理后，SOD 活性均在 55 U/（g·h）以上，说明这几种处理方式使火龙
果成龄树有了一定程度的伤害，以致 SOD 活性维持在很高的水平，因此，这几种低温
处理也可作为火龙果成龄树寒害程度的临界点。

　　5）可溶性蛋白含量

　　由图 6.5d 可知，从 2 ℃至 −4 ℃，随着温度的降低，成龄树的可溶性蛋白含量逐
渐增加，经 −4 ℃处理后，可溶性蛋白含量与对照组相比增加 28.2%，说明低温迫使

植株启动自身调节机制,提高可溶性蛋白含量以抵御低温对自身的伤害。经-6 ℃处理后,可溶性蛋白含量大幅下降,说明此时的低温强度超过了植株的忍受范围,植株已受到严重伤害。

由图6.6d可知,在一定的低温强度和持续时间范围内,日最低气温越低,持续时间越长,可溶性蛋白含量越大。而在日最低气温-2 ℃持续7 d处理后,可溶性蛋白含量与该温度下3 d处理后相比,不升反降,原因可能是该低温强度和持续时间使火龙果植株受到严重伤害,以致植株自身防御系统功能减弱,合成的可溶性蛋白含量降低。在日最低气温2 ℃持续3 d后,可溶性蛋白含量增至0.5 mg/g,2 ℃持续7 d及更低的日最低气温处理下均在0.5 mg/g以上,因此日最低气温2 ℃持续3 d可作为火龙果成龄树受到寒害的临界点;在日最低气温0 ℃持续3 d后,可溶性蛋白含量增至0.6 mg/g,因此,日最低气温2 ℃持续3 d可作为火龙果受到寒害的分界点。

(2)火龙果成龄树寒害指标

根据不同低温胁迫下火龙果成龄树枝条的相对电导率、MDA含量、SOD活性和可溶性蛋白含量,同时结合寒害症状,可以得出:低温使火龙果成龄树受到伤害,且温度越低,受害越严重。随着温度的降低,成龄树在-2 ℃开始受到伤害,半致死温度(LT50)为-2.2 ℃,致死温度是-4 ℃左右。通过分析对照组和各试验组火龙果成龄树低温胁迫后相对电导率、SOD活性、MDA含量和可溶性蛋白含量4项生理生化指标的变化规律,结合寒害症状,可知:日最低气温越低,持续时间越长,火龙果成龄树受害越严重。因此,可以找出不同的日最低气温和持续时间作为临界点来划分火龙果成龄树的寒害等级(见表6.10):

1)日最低气温4 ℃持续3 d处理后,火龙果成龄树开始表现出寒害症状,相对电导率、SOD活性、MDA含量和可溶性蛋白含量与日最低气温4 ℃持续1 d的处理组相比均增加,因此,可以认为日最低气温4 ℃持续3 d是火龙果成龄树受到寒害的上限。

2)日最低气温2 ℃持续3 d后,火龙果成龄树开始出现轻微的寒害症状,相对电导率、SOD活性、MDA含量和可溶性蛋白含量与2 ℃持续1 d及日最低气温4 ℃处理组相比均增加,因此,可以确定日最低气温2 ℃持续3 d是火龙果成龄树轻微受害的一个临界点。

3)日最低气温0 ℃持续3 d后,寒害症状明显,相对电导率、SOD活性、MDA含量和可溶性蛋白含量与0 ℃持续1 d及日最低气温2 ℃处理组相比均增加,因此,可以确定日最低气温0 ℃持续3 d是火龙果成龄树中等程度受害的临界点。

4)日最低气温-2 ℃持续3 d处理后,受害症状严重,相对电导率、SOD活性、MDA含量和可溶性蛋白含量与日最低气温-2 ℃持续1 d及日最低气温0 ℃处理组相比均增加,因此,可以确定日最低气温-2 ℃持续3 d是火龙果成龄树严重受害的临界点。

表 6.10　火龙果成龄树寒害指标

寒害等级	指标
1(轻微)	$2 \leqslant T_{\min} \leqslant 4, LD \geqslant 3$ 或 $0 \leqslant T_{\min} < 2, 1 \leqslant LD \leqslant 3$
2(中等)	$0 \leqslant T_{\min} < 2, LD \geqslant 4$ 或 $-2 \leqslant T_{\min} < 0, 1 \leqslant LD \leqslant 3$
3(严重)	$-2 \leqslant T_{\min} < 0, LD \geqslant 4$
4(极重)	$T_{\min} < -2, LD \geqslant 1$

注：$T_{\min}$ 为日最低气温(℃)；LD 为日最低气温持续时间(d)

6.4　火龙果寒害指标在大田生产中的验证

经过人工气候室系统试验确定火龙果寒害指标，其准确性有必要用大田火龙果发生寒害的温度来验证。通过实地调查的大田火龙果寒害情况以及搜索公开发表的有关火龙果寒害调查的文献，以火龙果的受害程度及受害前的温度数据来验证本试验确定的寒害指标。

6.4.1　罗甸

2012 年，贵州省火龙果种植大县——罗甸县的火龙果产业遭受了寒害。2012 年 3 月中旬我们对罗甸县 5 个火龙果种植基地进行了实地寒害情况调查，调查的方法是：调查成熟枝条和幼嫩枝条，以株为单位，在每个调查地点随机抽取 30 株火龙果，按照 Stergios 等(1973)的标准，按出现寒害症状的嫩枝及成熟枝条数量多寡，将寒害程度分为 7 级，分级标准为：0 级：无任何寒害症状；1 级：幼嫩枝条或者成熟枝条零星出现黄褐色水浸状或者铁锈状斑块等寒害症状；2 级：1/2 以下幼嫩枝条、1/4 以下成熟枝条出现黄褐色水浸状或者铁锈状斑块等寒害症状；3 级：1/2 以上、3/4 以下幼嫩枝条，1/4 以上、1/2 以下成熟枝条出现黄褐色水浸状或者铁锈状斑块等等寒害症状；4 级：全部幼嫩枝条，1/2 以上、3/4 以下成熟枝条出现黄褐色水浸状或者铁锈状斑块等寒害症状；5 级：全部幼嫩枝条，3/4 以上成熟枝条出现黄褐色水浸状或者铁锈状斑块等寒害症状；6 级：植株死亡。用受害率和平均寒害级别 2 个指标来表征寒害的严重程度，计算方法如下：

$$受害率 = (总调查株数 - 0 级受害株数)/ 总调查株数 \times 100\% \qquad (6.13)$$

$$平均寒害级别 = \sum(寒害级别代表值 \times 该级别株数)/ 调查总株数 \qquad (6.14)$$

调查结果见表 6.11。由表 6.11 可知，龙坪村和果科所试验站几乎没有受害，而沟亭村、马草村和星民村受害率均是 100%，平均寒害级别分别是 2.6，2.4 和 2.3，由本研究规定的寒害分级标准知，它们均属轻微寒害。通过查询罗甸县温度数据知，罗甸县 2012 年 1 月 23—26 日日最低气温分别为 3.7,3.6,3.3 和 3.3 ℃,连续 4 d 日最低气温在 2~4 ℃之间,根据本研究确定的发生寒害的温度指标,罗甸县火龙果应发生轻微寒害,这与罗甸县实地火龙果寒害调查结果比较吻合。而龙坪村和果科所试验站受害程度低的原因是采取了必要的防寒措施。事实上,我们在进行寒害调查时也发现果科所和龙坪村都采取了用稻草覆盖树根的措施,因此受害很轻。而其他三个调查点未进行稻草遮根,才导致火龙果树遭受寒害比较重。因此,本研究确定的火龙果成龄树寒害指标在大田生产中适用。

表 6.11　2012 年罗甸县各地火龙果寒害情况

调查地点	海拔高度（m）	树龄（a）	各寒害级别株数（株）							受害率（%）	平均寒害级别	程度
			0	1	2	3	4	5	6			
沟亭乡沟亭村	515	2	0	7	10	5	5	2	1	100	2.6	轻微
龙坪镇马草村	376	2	0	6	10	11	3	0	0	100	2.4	轻微
龙坪镇龙坪村	432	4	26	0	3	1	0	0	0	13.3	0.3	轻微
龙坪镇星民村	465	5	0	10	8	7	3	2	0	100	2.3	轻微
果科所试验站	386	5	27	1	2	0	0	0	0	10	0.2	轻微

6.4.2　贞丰

王代谷等(2011)调查了 2011 年年初贞丰低温天气对火龙果的危害,其调查结果为:贞丰受害率是 100%,受害级别是 3 级。而王代谷等(2011)规定的分级标准中 3 级寒害为:幼嫩枝条全部冷死,1/2 以下成熟枝条冷死。由此可知,2011 年年初贞丰火龙果遭受的寒害受害程度应属严重。通过查询贞丰县逐日温度数据知,2011 年 1 月 18—21 日日最低气温分别是 −0.6,−0.3,−0.3 和 −0.2 ℃,连续 4 d 日最低气温在 −2~0 ℃之间,根据本研究确定的寒害发生温度指标,贞丰应发生严重寒害,这与王代谷等(2011)调查的贞丰实地寒害情况一致。

6.4.3　南宁

钟思强等(2009)调查了 2008 年年初南宁低温天气对火龙果的影响,调查结果是:"1~2 年生茎蔓于 2 月上旬即出现铁锈状斑点,进入 2 月下旬后,天气转晴、气温回升,受害症状更加明显,受害茎蔓几天内迅速黄化、逐渐腐烂"。根据钟思强等(2009)的描述可以确定 2008 年年初南宁火龙果受到了中等程度寒害。通过查询南宁温度数据知,2008 年 1 月 1—3 日日最低气温分别是 1.2,1.1 和 1.7 ℃,日最低气温连续 3 d 在 0~2 ℃之间,这一低温过程符合本研究确定的轻微寒害发生的标准。但 1 月 31 日—2 月 3 日也出现了一次低温天气过程,日最低气温分别是 3.3,3.4,1.2 和 3.1 ℃,符合本研究确定的轻微寒害发生的标准。由于两次轻微寒害叠加,导致 2008 年南宁出现中等寒害,所以本研究确定的寒害温度指标与南宁实际发生寒害的温度情况比较一致。

通过罗甸、贞丰、南宁大田火龙果发生寒害的受害情况及受害前的温度数据,验证本研究确定的寒害指标,结果表明:本研究确定的寒害温度指标与大田实际发生寒害的温度基本一致,所以本研究确定的火龙果寒害指标准确适用。

6.5　结论

将生长良好的盆栽火龙果幼苗和成龄树置于人工气候室,设置不同强度的恒定低温对其胁迫数小时,检测相对电导率、超氧化物歧化酶(SOD)活性、丙二醛(MDA)含量和可溶性蛋白含量等生理生化指标,胁迫结束后将其置于户外继续培养,观察形态变化,以形态及生理生化指标变化规律确定火龙果的低温敏感范围。然后模拟自然条件下低温天气过程温度变化规律,利用火龙果低温敏感范围设置不同强度动态变化低温和不同持续天数对幼苗和成龄树进行低温胁迫,检测上述 4 项生理生化指标。胁迫结束后将其置于户外继续培养,观察形态变化,分析形态及生理生化指标变化规律。结合大田火龙果发生寒害的温度,确定火龙果幼苗、成龄树寒害指标。结果表明:

(1)火龙果幼苗的半致死温度(LT50)是 −1.7 ℃左右,致死温度是 −4 ℃左右;火龙果成龄树的半致死温度(LT50)是 −2.2 ℃左右,致死温度是 −4 ℃左右。

(2)火龙果幼苗寒害指标:1 级(轻微):日最低气温为 2～4 ℃,持续 1～3 d;2 级(中等):日最低气温为 0～2 ℃,持续 1～3 d;3 级(严重):日最低气温为 0～2 ℃,持续 3～4 d,或者日最低气温为 −2～0 ℃,持续 1～3 d;4 级(极重):日最低气温为 −2～0 ℃,持续时间在 4 d 以上;或者日最低气温在 −2 ℃以下,持续时间在 3 d 以上。

(3)火龙果成龄树寒害指标是:1 级(轻微):日最低气温为 2～4 ℃,持续 3～5 d,或者日最低气温为 0～2 ℃,持续 1～3 d;2 级(中等):日最低气温为 0～2 ℃,持续 3～5 d;或者日最低气温为 −2～0 ℃,持续 1～3 d;3 级(严重):日最低气温为 −2～0 ℃,持续 3～5 d;4 级(极重):日最低气温在 −2 ℃以下,持续 4 d 以上,或者日最低气温在 −4 ℃以下,持续 1 d 以上。

参 考 文 献

崔读昌.1999.关于冻害、寒害、冷害和霜冻[J].中国农业气象,**20**(1):56-57.

范万新,陈丹,黄颖,等.2009.广西种植火龙果的气候条件分析[J].气象研究与应用,**30**(3):54-56.

高媛,齐晓花,杨景华,等.2007.高等植物对低温胁迫的响应研究[J].北方园艺,(10):58-61.

龚培灶,刘希华.2005.脱落酸在植物干旱胁迫反应中的作用及信号转导研究[J].三明学院学报,**22**(4):420-423.

郝建军,刘延吉.2001.植物生理学实验技术[M].沈阳:辽宁科学技术出版社.

郝明灼,韩明慧,彭方仁,等.2011.4个女贞品种抗寒性比较[J].江西农业大学学报,**33**(6):1 094-1 099.

江志鹏.1999.火龙果栽培技术[J].柑桔与亚热带果树信息,**15**(2):91.

来宽忍,赵凯,史双院.2006.火龙果生物学特性及北方栽培技术[J].西北园艺,**18**:17.

李合生.2002.现代植物生理学[M].北京:高等教育出版社:433.

李升锋,刘学铭,吴继军,等.2003.火龙果的开发与利用[J].食品工业科技,(7):88-90.

刘祖祺,张石城.1994.植物抗性生理学[M].北京:中国农业出版社:80-83.

龙平.2011.罗甸冬季低温对火龙果产业的影响及对策[J].农技服务,**28**(6):889.

莫惠栋.1983.Logistic方程及其应用[J].江苏农学院学报,(2):53-57.

王代谷,田大青,李家兴.2011.贵州主要热作果树低温灾害的调查研究[J].江西农业学报,**23**(8):34-35.

王丽雪,李荣富,张福仁.1996.葡萄枝条中蛋白质、过氧化物酶活性变化与抗寒性的关系[J].内蒙古农牧学院学报,**17**(1):45-49.

魏臻武,尹大海,王槐三.1995.电导法配合Logistic方程确定燕麦冰冻半致死温度[J].青海畜牧兽医杂志,**25**(1):11-13.

吴忠义,陈珈,朱美君.1998.脱落酸(ABA)受体的研究进展[J].植物学通报,**15**(4):36-40.

徐康,夏宜平,徐碧玉,等.2005.以电导法配合Logistic方程确定茶梅"小玫瑰"的抗寒性[J].园艺学报,**32**(1):148-150.

岳海,李国华,李国伟,等.2010.澳洲坚果不同品种耐寒特性的研究[J].园艺学报,**37**(1):31-38.

赵习平,刘铁铮,付雅丽.2007.杏树花期霜冻危害及其抗寒性研究进展[J].江西农业学报,**19**(11):33-35.

钟思强,刘任业,黄树长.2009.雨雪低温天气对番石榴、火龙果生长发育的影响及灾后恢复技术[J].广西热带农业,(4):31-33.

朱根海.1986.应用Logistic方程确定植物组织半致死温度的研究[J].南京农业大学学报,(3):11-16.

朱立武,李绍稳,刘加法,等.2001.李抗逆性生理生化指标及其相关性的研究[J].园艺学报,**28**(2):164-166.

朱正元,等.2003.Logistic曲线与Gompertz曲线的比较研究[J].数学的实践与认识,(10):66-71.

邹奇.2000.植物生理学实验指导[M].北京:中国农业出版社.

Nerd A,Sitrit Y,Kaushik R A,*et al*.2002. High summer temperatures inhibit flowering in vine pitaya crops (*Hylocereus* spp.)[J]. *Scientia Horticulturae*,**96**:343-350.

Stergios B G,Howell H G S.1973. Evaluation of viability tests for cold stressed plants[J]. *J Aliler Soc Hort Sci*,**98**:325-330.

Thomson P.2002. Pitahaya (*Hylocereus* species),A Promising New Fruit Crop for Southern California[M]. Bonsall Publications,Bonsall,CA.

第 7 章　蔬菜分期播种气象观测试验

随着贵州省"两高"的建设和贯通,贵州省依托立体气候优势、生态优势和交通条件日益改善的优势,初步形成了夏秋喜凉蔬菜、冬春喜温蔬菜和特色辣椒产业带,正在成为珠江、长江流域和港澳、东南亚地区的重要菜源。通过"公司＋基地＋农户"的发展模式,不仅提升了蔬菜的产业化水平,也保证了供应香港、澳门地区蔬菜的品质优良。由于种植高端、高产、绿色蔬菜增收快,农户积极性高,到 2010 年底清镇、榕江、独山、余庆、关岭等地都已建成供港、澳蔬菜基地,贵州省全省累计获得无公害农产品认证 945 个,获绿色食品认证企业 33 家,使用绿色食品标志 243 个。根据贵州省农业委员会统计,2009 年全省蔬菜种植面积为 899 万亩,产量 1 077.8 万 t,预计到 2015 年种植面积将达 1 500 万亩,成为稳定港、澳市民"菜篮子"的重要基地。

为了做好气象为特色农业服务工作,有计划地培育和选用抗逆蔬菜品种,使贵州省蔬菜生产更好地适应气候变化,确保供港、澳蔬菜安全生产、稳定供给,贵州"两高"沿线特色农业气候精细化区划与气象灾害防控项目组在榕江开展了蔬菜分期播种试验,以期获得供试蔬菜品种不同发育时段的适宜气象指标和主要气象灾害指标,为制定供港、澳蔬菜最佳周年生产方案提供支撑,为蔬菜生产趋利避害等气象保障服务提供科学依据。

分期播种法是利用同一地点气象因子随时间分布的差异性而设计的一种方法。是在同一地点的不同时期内播种某种作物来研究不同时期的气象条件对该作物不同生育期的综合影响,是一种广泛使用的试验方法。通过分期播种可以使得试验作物的同一生育期因播种期不同受到不同气象条件的影响,也使得同一气象条件作用于不同作物生育期。通常从早春开始,每隔一定时期,例如每隔 5 d 或 10 d 播种一次,根据研究任务可以播 5,10,15 期或更多。如此在一年内就可以研究 5,10,15 或更多种不同气象条件对该作物某一生育期的影响,通过平行观测取得数据,与单一播种期试验比较,可缩短试验期限达到试验研究的目的。

本次分期播种试验的目的是:获取榕江蔬菜品种不同发育时段的适宜气象指标,为了解榕江蔬菜适宜生长时段,制定最佳周年生产方案提供支撑;获取蔬菜主要气象灾害指标,为蔬菜生产气象防灾减灾、趋利避害等气象保障服务提供支撑;最终为开展针对性的专业气象服务,开展蔬菜气候精细化区划,服务产业发展奠定基础,为蔬菜产业种植趋利避害提供科学依据。

7.1　试验设计方案

7.1.1　研究对象

根据榕江县蔬菜种植种类选取 5 种主要特色蔬菜,分别包括:

(1)茄果类:辣椒、番茄。

(2)瓜类:西葫芦。

(3)精细叶菜类:小白菜、芥蓝。

7.1.2　试验时间及地点

2013 年 3 月—2014 年 2 月,在榕江县古州镇六百塘村实施。

7.1.3　品种选择

全部选用榕江县主栽蔬菜品种,其中:辣椒试验品种为"香辣王";番茄试验品种为"摇钱果 888";西葫芦试验品种为"新银青";小白菜试验品种为"香港学斗";芥蓝试验品种为"迟花芥蓝"。

7.1.4　小区播期设计

根据蔬菜品种生育天数,正常播种时间向前推两个生育期初步定为播种时期。茄果类(辣椒、番茄)、瓜类(西葫芦)分别设置 5 个播期,分别为当地正常播种期,以及从正常播种期开始向前和向后各设置两个播期,间隔时间的确定以前后有两个生育时期落在不太适宜的阶段为原则,能够涵盖不适高温和不适低温时段;精细叶菜类(小白菜、芥蓝)分别设置 7 个播期,间隔时间的确定以前后有两个生育时期落在不太适宜的阶段为原则,能够涵盖不适高温和不适低温时段。不同播期小区设置见表 7.1。

茄果类(辣椒、番茄)、瓜类(西葫芦)小区面积 30 m^2(6 m×5 m),精细叶菜类(小白菜、芥蓝)小区面积 20 m^2(5 m×4 m)。小区与小区间隔 10 cm,各走道宽 30 cm,四周保护行必须留足 1 m 以上。

7.1.5　栽培技术

(1)茄果类蔬菜栽培技术

种植方式:育苗移栽。浸种时进行水选,将不充实的种子除去。温水浸种 7~8 h,浸后控净水,置 25~30 ℃的温度下催芽,播种后均匀覆土 1 cm,亩用种量 70~80 g。移栽时各小区秧苗应保持一致,移栽后及时查苗补缺,管理措施按常规进行管理。

表 7.1　不同播期小区设置

种植蔬菜	播种小区及播期						
辣椒	第 1 小区播期 3 月 1 日	第 2 小区播期 3 月 20 日	第 3 小区播期 4 月 10 日	第 4 小区播期 7 月 20 日	第 5 小区播期 8 月 30 日		
番茄	第 1 小区播期 3 月 1 日	第 2 小区播期 3 月 20 日	第 3 小区播期 4 月 10 日	第 4 小区播期 7 月 20 日	第 5 小区播期 8 月 30 日		
西葫芦	第 1 小区播期 3 月 1 日	第 2 小区播期 3 月 15 日	第 3 小区播期 3 月 30 日	第 4 小区播期 8 月 10 日	第 5 小区播期 9 月 1 日		
小白菜	第 1 小区播期 3 月 1 日	第 2 小区播期 4 月 10 日	第 3 小区播期 5 月 20 日	第 4 小区播期 6 月 30 日	第 5 小区播期 9 月 9 日	第 6 小区播期 10 月 15 日	第 7 小区播期 12 月 1 日
芥蓝	第 1 小区播期 3 月 1 日	第 2 小区播期 4 月 10 日	第 3 小区播期 5 月 20 日	第 4 小区播期 6 月 30 日	第 5 小区播期 9 月 1 日	第 6 小区播期 10 月 15 日	第 7 小区播期 12 月 1 日

整地施基肥:应选择肥沃的、地势较高、能排能灌的壤土或沙质壤土。亩施优质、腐熟的有机肥 3 000 kg 和 100 kg 硫酸钾复合肥作基肥。为了保温保湿防杂草必须覆盖地膜。

定植:一般生产密度为每亩 3 000 株,1.2 m 开厢起垄,垄面宽 90 cm,双行错位种植,行距 66 cm,株距 33 cm。

田间管理:幼苗期适时浇水和施氮肥,每亩追施尿素 15 kg。果实膨大期,为防止早衰确保后期产量,亩施硫酸钾 5～10 kg,追施尿素 5～10 kg。番茄长蔓后用竹竿扎架固定。

病虫害防治:病害主要有疫病、叶霉病、灰霉病等。发病早期可用 1:2:20 的波尔多液进行防治;后期可用甲霜灵锰锌可湿性粉剂喷雾防治。

(2)叶菜类蔬菜栽培技术

撒播:选择籽粒饱满,纯度高,发芽率和发芽势高的种子。在播种前 3～4 h 用 0.1% 的高锰酸钾溶液浸泡 20～30 min,然后用清水冲洗干净。在 25～30 ℃条件下催芽至露白后播种。

施肥整地:每亩施入腐熟禽畜粪 3 000 kg,深翻 25～30 cm,做成高畦,畦宽 120～

150 cm,畦高 15～20 cm。在晴天间苗,确保栽培密度适当,芥蓝株行距 25～30 cm,小白菜株行距 5～6 cm。

水分管理:缓苗前不浇水,缓苗后,随着植株生长,根据土壤水分状况而适当浇水,保持土壤湿润。

病虫害防治:霜霉病防治,发现中心病株,用 55%福·烯酰可湿性粉剂 1 500 倍液防治;甜菜夜蛾防治,30%高氯·甲维盐乳油兑水 1 500 倍液防治。

收获:当芥蓝菜薹顶部与基叶长平,即齐花时采收。可根据薹的长势分批采收。小白菜成熟后整株采割。

7.1.6　试验记录

试验记录主要包括蔬菜生育期、植株生长情况、经济产量三个方面的观测,具体记录参照国家气象局(1993)《农业气象观测规范(上卷)》中的"农气簿-1-1",并配上观测样地蔬菜照片。

(1)记录各小区进入不同生育期的始期、普遍期和末期的日期。

(2)记录不同时期各小区蔬菜生长发育状况。

(3)记录各小区经济产量,包括各观测日期的果实数等。

(4)定期测定不同处理地上生物量或经济产量。

(5)如遇气象灾害,记录灾害种类、主要过程及作物受灾表现。

7.1.7　气象资料

气温、降水采用距试验地点最近的车江区域自动气象观测站同期气温、降水观测资料,为了确保自动气象观测站观测资料的可靠性,以忠诚区域自动气象站和榕江县气象站同期观测资料作对比;日照时数采用榕江县气象观测站的观测资料。

贵州省榕江县车江区域自动气象观测站及试验田见图 7.1。

图 7.1　贵州省榕江县车江区域自动气象观测站及试验田

7.2　辣椒分期播种试验

7.2.1　试验概况

辣椒试验于 2013 年 3 月 1 日—12 月 20 日在榕江县古州镇六百塘村进行。试验田面积为 150 m²，土壤类型为水稻土，肥力中等，河水通过渠道可全年灌溉。栽培方式为垄上、覆膜移栽，试验田按统一标准进行管理，移栽前施肥、耕地、覆膜。每小区施农家肥 0.38 kg，耕地为人工锹挖（深度 20～25 cm）。试验按随机区组设计，小区按 4 株/m² 定植辣椒植株。

7.2.2　试验观测结果

（1）辣椒生育期观测

辣椒分期播种分别为 A 区（3 月 1 日）、B 区（3 月 20 日）、C 区（4 月 10 日）、D 区（7 月 20 日）、E 区（8 月 30 日）共 5 期。分别观测记录不同播期田间辣椒播种期、齐苗期、移栽期、始花期、采椒始期、采椒终期（见图 7.2）。各播期辣椒各生育期出现时间见表 7.2。

从试验观测及统计结果看（见表 7.3），5 个播期全生育期经历日数最长的是 A 区，为 145 d；最短的是 E 区，经历了 102 d。

（a）出苗盛期　　　　　　　　（b）移栽期　　　　　　　　（c）始花期

（d）采收始期　　　　　　　　（e）采收盛期　　　　　　　　（f）采收终期

图 7.2　辣椒生育期

表7.2　辣椒各小区不同播期田间设计和生育期日期

生育期	A 区	B 区	C 区	D 区	E 区
播种期	3 月 1 日	3 月 20 日	4 月 10 日	7 月 20 日	8 月 30 日
齐苗期	3 月 18 日	4 月 12 日	4 月 28 日	7 月 25 日	9 月 10 日
移栽期	3 月 29 日	4 月 23 日	5 月 14 日	8 月 13 日	9 月 29 日
始花期	5 月 4 日	5 月 20 日	6 月 3 日	8 月 29 日	10 月 20 日
采收始期	6 月 8 日	6 月 14 日	7 月 13 日	11 月 15 日	12 月 2 日
采收终期	7 月 24 日	7 月 29 日	8 月 3 日	12 月 10 日	12 月 10 日

表7.3　辣椒各生育期经历间隔日数　　　　　　　　　　　单位:d

生育期	A 区	B 区	C 区	D 区	E 区
播种—齐苗	17	23	18	5	11
齐苗—移栽	11	11	16	19	19
移栽—始花	36	27	20	16	21
始花—始摘	35	25	40	78	43
始摘—终期	46	45	21	25	8
全生育期	145	131	115	143	102

　　春季和夏季播种的分别随播种期的推迟而全生育期变短。在移栽前,辣椒随着播期推迟,生育期间隔日数均逐渐延长。

　　(2)辣椒生育期气象条件观测

　　通过自动气象站记录分期播种期间温度、降水量和日照等气象要素,分别统计各生育期积温、降水量和日照时数等,见表7.4。

表7.4　辣椒各小区不同生育期的气象要素观测

分期播种小区	气象要素	播种—齐苗	齐苗—移栽	移栽—始花	始花—始摘	始摘—采摘末期	全生育期
A 区	≥10 ℃活动积温(℃·d)	266.1	204.5	664.8	837.2	1 284.4	3 257.0
	平均气温(℃)	15.7	18.6	18.5	23.9	27.9	22.5
	降水量(mm)	40.8	78.8	147.5	233.7	155.3	656.1
	日照时数(h)	74.4	37.7	99.8	134.9	272.4	619.2
B 区	≥10 ℃活动积温(℃·d)	402.9	210.4	583.7	613.2	1 286.3	3 096.5
	平均气温(℃)	17.5	19.1	21.6	24.5	28.6	23.6
	降水量(mm)	149.6	10.7	123.7	236.2	80.3	600.5
	日照时数(h)	59.7	47.3	86.2	115.8	269.9	578.9

分期播种小区	气象要素	播种—齐苗	齐苗—移栽	移栽—始花	始花—始摘	始摘—采摘末期	全生育期
C 区	≥10 ℃活动积温(℃·d)	333.4	346.2	486.9	1 073.3	621.2	2 861.0
	平均气温(℃)	18.5	21.6	24.3	26.8	29.6	24.9
	降水量(mm)	34.1	78.6	176.3	161.0	12.3	462.3
	日照时数(h)	65.9	45.7	92.25	136.4	140.35	480.6
D 区	≥10 ℃活动积温(℃·d)	139.9	539.7	426.8	1 589.2	350.1	3 045.7
	平均气温(℃)	28.0	28.4	26.7	20.4	14.0	21.3
	降水量(mm)	0.5	1.5	46.1	239.4	16.1	303.6
	日照时数(h)	34.1	106.2	92.6	263.55	60.45	556.9
E 区	≥10 ℃活动积温(℃·d)	253.7	455.0	417.0	682.6	112.2	1 910.3
	平均气温(℃)	23.1	23.9	19.9	15.9	14.0	18.7
	降水量(mm)	38.2	99.6	28.6	89.1	0	255.5
	日照时数(h)	21.8	102.1	86.8	113.3	39.5	363.5

（3）不同播种期产量观测

在不同播期小区辣椒成熟后进行采摘称重，观测小区产量并折合成亩产，观测结果见表 7.5。

表 7.5　辣椒各播期产量

分期播种小区	A 区	B 区	C 区	D 区	E 区
小区产量(kg)	58.5	44	41.5	25.5	5.5
折合亩产(kg)	1 300.0	977.7	922.3	566.6	122.2

7.2.3　试验数据分析

（1）温度对辣椒的影响

通过 5 个小区分期播种试验，分析辣椒不同生育期≥10 ℃积温需求，由图 7.3 可知，在墒情适宜情况下，辣椒从播种到齐苗期，所需积温较稳定，平均积温为 280 ℃·d 左右；从齐苗到移栽期，所需平均积温为 350 ℃·d 左右；从移栽到始花期，所需平均积温为 510 ℃·d 左右；从始花到始摘期，所需平均积温为 1 000 ℃·d 左右；从始摘到末摘期，由于人为采摘和观测的影响，积温并不稳定，所需平均积温为 730 ℃·d 左右。

结合辣椒生育期观测和期间气象条件观测，通过相关性分析辣椒各生育期间的平均气温对辣椒各生育期进程的影响，由表 7.6 可知：

平均气温与辣椒播种到齐苗期呈现明显的负相关关系，由于辣椒苗期生长的喜

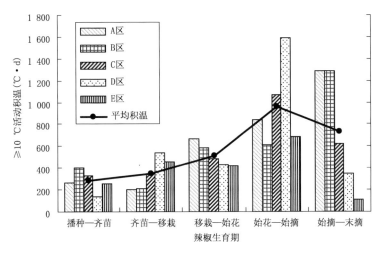

图 7.3 辣椒各生育期积温情况

凉特性,温度过高不利于辣椒出苗和齐苗。辣椒齐苗到移栽期与平均气温呈现明显的正相关,较高的温度对于叶片数生长有明显的促进作用。辣椒实际生长 1 片叶所需要的天数随着气温的升高而增加。试验证明,日平均气温为 $15\sim20$ ℃时,每生长 1 片叶需要的时间约为 1.5 d,需要积温 25 ℃·d,而日平均气温为 $27\sim30$ ℃时,每生长 1 片叶需要的时间约为 3.8 d,需要的积温达到了 108 ℃·d。辣椒移栽后,在 5 个小区试验样本中生育期进程与平均气温之间均未通过相关性显著性检验,关系不是很明显。

表 7.6 辣椒不同生育期进程与平均气温相关性分析

播种—齐苗	齐苗—移栽	移栽—始花	始花—始摘	始摘—末摘
-0.902^*	0.896^*	-0.809	-0.390	0.655

注: * 表示通过了 0.05 的显著性水平检验

　　分别统计辣椒不同播种期小区整个生育期内总积温,结合不同播期小区产量,分析积温对辣椒小区产量的影响。由图 7.4 可知,在分期播种小区内,春、夏两季播种的辣椒随着播种期的推迟,辣椒整个生育期逐渐缩短,总积温逐渐减少,小区产量同时逐渐降低。

　　(2)降水量对辣椒的影响

　　通过相关性分析(见表 7.7),辣椒进入采摘期以前各生育期的长短与各生育期内的降水量没有明显的关系,但降水过多或过少都影响辣椒的发育进程。从不同播期来看,B 区播种到齐苗所需时间最长,其间降水量近 150 mm,降水过多影响辣椒出苗速度。D 区和 E 区齐苗到移栽时间最长,均为 19 d,但 D 区降水量为 1.5 mm、E

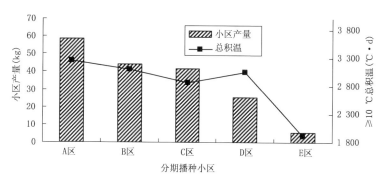

图 7.4　辣椒不同分期播种小区产量与总积温关系图

区为 99.6 mm，这说明辣椒幼苗期降水过多或过少都会延长幼苗生育期。辣椒进入
采摘期以后，采摘期长短与同期降水量呈正相关，试验结果表明降水量越多采摘期越
长，降水量过多影响正常采摘。

表 7.7　辣椒不同生育期长度与降水量相关性分析

播种—齐苗	齐苗—移栽	移栽—始花	始花—始摘	始摘—末摘
0.81	0.10	0.49	0.12	0.88*

注：* 表示通过了 0.05 的显著性水平检验

　　分别统计辣椒不同播种期小区整个生育期内总降水量，结合不同播期小区产量，
分析总降水量对辣椒小区产量的影响。由图 7.5 可知，在分期播种小区内，随着辣椒
全生育期内降水量的减少，辣椒的产量也减少，在温度条件满足的情况下，降水量适
当提高，可以提高辣椒的产量。

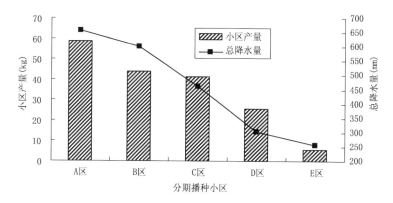

图 7.5　辣椒不同分期播种小区产量与总降水量关系图

（3）日照对辣椒的影响

通过相关性分析（见表 7.8），辣椒齐苗到移栽期、始花到始摘期、始摘到末摘期与期间日照时数呈显著正相关关系。其中：辣椒齐苗到移栽期日照时数对叶片数生长及光合作用具有明显的促进作用，所需日照时数为 70 h 左右；始花到始摘期日照时数对辣椒花期授粉及果实形成具有明显促进作用，所需日照时数为 150 h 左右；始摘到末摘期日照时数对果实的着色和成熟具有明显的促进作用，所需日照时数为 160 h 左右。

表 7.8　辣椒不同生育期长度与日照时数相关性分析

播种—齐苗	齐苗—移栽	移栽—始花	始花—始摘	始摘—末摘
0.72	0.88*	0.50	0.94*	0.93*

注：* 表示通过了 0.05 的显著性水平检验

分别统计辣椒不同播种期小区整个生育期内总日照时数，结合不同播期小区产量，分析总日照时数对辣椒小区产量的影响。由图 7.6 可知，在分期播种小区内，随着辣椒全生育期内日照时数的减少，辣椒的产量也减少。当辣椒全生育期内热量和水分条件满足时，增加光照时间可以提高辣椒产量。

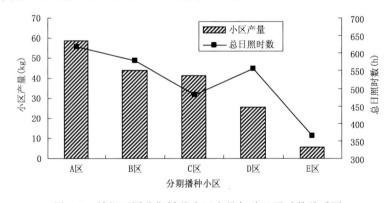

图 7.6　辣椒不同分期播种小区产量与总日照时数关系图

（4）气象灾害对辣椒的影响

在辣椒分期播种试验过程中，5 个播期分别遭遇到了冰雹、渍涝、干旱及霜冻等不同气象灾害（见表 7.9）。

A 区：辣椒移栽到大田后的第 6 d 遭遇到冰雹灾害，有 80% 的辣椒植株茎叶受损，对产量的影响近 15%；辣椒开花期，出现了多雨天气，38 d 内有 25 d 出现降水，总降水量达 309.2 mm，致使辣椒田中积水，出现渍涝灾害，导致辣椒苗势偏弱，影响产量；辣椒结果采收期的 24 d 里，总降水量只有 15.1 mm，而平均气温高达 28.1 ℃，出现了严重的干旱灾害，83% 的植株受害，出现落叶现象，最后干枯死亡，影响产量。

表 7.9　辣椒各播期主要气象灾害影响时段

	A 区	B 区	C 区	D 区	E 区
冰雹	大田苗期,80%植株茎叶受损	出苗普遍期无损失	无	无	无
渍涝	开花期(5 月 4 日—6 月 10 日,降水量 309.2 mm,雨日数 25 d)	移栽到开始采摘(4 月 23 日—6 月 14 日,降水量 359.9 mm,雨日数 32 d)	4 叶 1 心到开花始期(5 月 4 日—6 月 10 日,降水量 309.2 mm,雨日数 25 d)	无	无
干旱	结果期,83%植株受损(7 月 1—24 日,降水量 15.1 mm,平均气温 28.1 ℃,雨日数 10 d)	结果期(7 月 1—29 日,降水量 15.6 mm,平均气温 28.1 ℃,雨日数 11 d)	花果后期(7 月 1 日—8 月 3 日,降水量 15.6 mm,平均气温 28.1 ℃,雨日数 11 d)	播种到移栽期(7 月 20 日—8 月 13 日,降水量 2.0 mm,雨日数 3 d,平均气温 28.4 ℃)	无
霜冻	无	无	无	12 月 20 日霜冻(日平均气温 4.5 ℃,最低气温 1.1 ℃)	12 月 20 日霜冻(日平均气温 4.5 ℃,最低气温 1.1 ℃)

B 区: 辣椒出苗普遍期出现冰雹灾害,虽然部分辣椒苗受损,但成苗植株仍能满足试验小区移栽用苗,对产量基本没有影响。

辣椒自移栽到开始采摘辣椒的 52 d 里,有 32 d 出现降水,总降水量达 359.9 mm,试验小区出现积水,辣椒苗势偏弱,影响产量;辣椒结果期的 29 d 里,≥0.1 mm 的降雨日数是 11 d,总降水量仅有 15.6 mm,而平均气温高达 28.1 ℃,出现了严重的干旱灾害,植株普遍出现落叶现象,最后干枯死亡,影响产量。

C 区: 在辣椒 4 叶 1 心到开花始期遭遇多雨天气,试验小区出现积涝灾害,苗势偏弱,影响高产;开花结果期出现严重干旱,94%的辣椒植株受害,产量明显偏低。

D 区: 播种到移栽期总降水量 2.0 mm,平均气温 28.4 ℃,辣椒幼苗受干旱影响,长势缓慢;12 月 20 日开花结果期,最低气温降至 1.1 ℃,出现霜冻,94%的辣椒植株叶片呈水浸状,枯萎死亡。

E 区: 开花结果期遭遇霜冻,90%的植株叶片呈水浸状,最后植株枯萎死亡(见图 7.7)。

图 7.7　霜冻发生后的辣椒

7.2.4　小结

辣椒播种到齐苗期由于辣椒苗期生长的喜凉特性,温度过高不利于辣椒出苗和齐苗。辣椒齐苗到移栽期较高的温度对于叶片数生长有明显的促进作用。辣椒移栽后,生育期进程与平均气温均未通过相关性显著性检验,关系不是很明显。在分期播种小区内,春、夏两季播种的辣椒随着播种期的推迟,辣椒整个生育期逐渐缩短,总积温逐渐减少,小区产量同时逐渐降低。

辣椒进入采摘期以前各生育期的长短与各生育期内的降水量没有明显的关系,但降水过多或少都影响辣椒的发育进程。降水过多影响辣椒出苗速度,辣椒幼苗生长期降水过多或过少都会延长幼苗生长期。辣椒进入采摘期以后,采摘期长短与同期降雨呈现正相关,试验结果表明降水量越多采收期越长,降水量过多影响正常采收。在分期播种小区内,随着辣椒全生育期内降水量的减少,辣椒的产量也减少,在温度条件满足的情况下,降水量适当提高,可以提高辣椒的产量。

辣椒齐苗到移栽期、始花到始摘期、始摘到末摘期生育期长度与期间日照时数呈现明显正相关关系。辣椒齐苗到移栽期日照时数对叶片数生长及光合作用具有明显的促进作用;始花到始摘期日照时数对辣椒花期授粉及果实形成具有明显的促进作用;始摘到末摘期日照时数对果实的着色和成熟具有明显的促进作用。在分期播种小区内,随着辣椒全生育期内日照时数的减少,辣椒的产量也减少。当辣椒全生育期内热量和水分条件满足时,适当增加光照时间,也可以提高辣椒产量。

7.3　番茄分期播种试验

7.3.1　试验概况

　　番茄试验于 2013 年 3 月 1 日—12 月 20 日(共 10 个月)在榕江县古州镇六百塘村进行。试验田面积为 150 m²,每小区面积 30 m²,土壤类型为水稻土,肥力中等,河水通过渠道可全年灌溉。栽培方式为垄上、覆膜移栽,试验田同一标准进行管理,移栽前施肥、耕地、覆膜。每小区施农家肥 0.38 kg,耕地为人工锨挖(深度 20～25 cm)。

7.3.2　试验观测结果

　　(1)番茄生育期观测

　　试验按随机区组设计。播期分别为 A 区(3 月 1 日)、B 区(3 月 20 日)、C 区(4 月 10 日)、D 区(7 月 20 日)、E 区(8 月 30 日),共 5 期。分别观测记录不同播种期、出苗期、移栽期、开花始期、采收始期、采收终期等 6 个生育期(见表 7.10),各试验小区不同生育期见图 7.8。

表 7.10　番茄各分期播种小区生育期日期

生育期	A 区	B 区	C 区	D 区	E 区
播种期	3 月 1 日	3 月 20 日	4 月 10 日	7 月 20 日	8 月 30 日
出苗始期	3 月 8 日	3 月 28 日	4 月 18 日	7 月 24 日	9 月 1 日
移栽期	3 月 29 日	4 月 23 日	5 月 14 日	8 月 13 日	9 月 18 日
始花期	4 月 29 日	5 月 8 日	6 月 2 日	9 月 2 日	10 月 44 日
采收始期	6 月 14 日	7 月 1 日	7 月 22 日	11 月 13 日	—
采收末期	8 月 2 日	8 月 2 日	8 月 2 日	12 月 2 日	—

　　从试验观测及统计结果看(见表 7.11),夏季播种番茄出苗时间间隔短,而春季播种出苗时间间隔基本一致。春季播种的番茄随播种期推迟全生育期时间逐渐缩短。全生育期及开花结果期日数 A 期＞D 期＞B 期＞C 期＞E 期,移栽后,春季始花时间随着播期的推迟而缩短,同时,春季 A 期的采收期较长,随着播期的推迟,采收时间缩短。

　　(2)番茄生育期气象条件观测

　　通过自动气象站记录番茄分期播种期间温度、降水量和日照等气象要素,分别统计各生育期积温、降水量和日照时数,见表 7.12。

　　(3)不同播种期产量观测

　　在不同播期小区番茄营养生长期进行株高、叶片数等经济性状观测及成熟后进行采摘称重,观测小区产量,并折合成亩产,观测结果见表 7.13。

(a)播种期	(b)齐苗期
(c)苗期	(d)移栽期
(e)始花期	(f)幼果期

(g)采收始期　　　　　　(h)采收盛期　　　　　　(i)采收末期

图 7.8　番茄各生育期图片

表 7.11　番茄各生育期经历间隔日数　　　　　　　　　单位:d

生育期	A 区	B 区	C 区	D 区	E 区
播种期—出苗始期	7	8	8	4	2
出苗始期—移栽期	21	26	26	20	17
移栽期—始花期	31	15	19	20	26
始花期—采收始期	46	54	50	72	—
采收始期—采收末期	49	32	11	19	—
全生育期	165	146	125	154	113

表 7.12 番茄各小区不同生育期的气象要素

分期播种小区	气象要素	播种期—出苗始期	出苗始期—移栽期	移栽期—始花期	始花期—采收始期	采收始期—采收末期	全生育期
A 区	≥10 ℃活动积温(℃·d)	89.6	380.8	564.2	1 077.7	1 399.4	3 789.5
	平均气温(℃)	12.8	18.1	18.2	23.4	28.6	23.0
	降水量(mm)	0.1	119.5	108.8	347.9	80.3	657.5
	日照时数(h)	56.5	55.6	87.9	183.4	269.9	725.4
B 区	≥10 ℃活动积温(℃·d)	149.3	464.0	308.8	1 358.4	929.1	3 309.7
	平均气温(℃)	18.7	17.8	20.6	25.2	29.0	22.7
	降水量(mm)	63.2	97.1	58.3	366.3	15.6	601.5
	日照时数(h)	37.7	88.2	42.4	241.7	187.8	651.0
C 区	≥10 ℃活动积温(℃·d)	140.3	539.3	465.2	1 349.3	339.4	3 118.3
	平均气温(℃)	17.5	20.7	24.5	27.0	30.9	24.9
	降水量(mm)	22.1	90.6	174.2	174.9	0.5	463.3
	日照时数(h)	47.3	111.6	83.4	256.0	68.2	591.3
D 区	≥10 ℃活动积温(℃·d)	111.6	568.0	531.9	1 459.0	263.4	3 079.8
	平均气温(℃)	27.9	28.4	26.6	20.3	14.4	20.3
	降水量(mm)	0.5	1.5	66.9	215.2	19.5	368.7
	日照时数(h)	34.1	118.3	80.5	257.3	27.2	575.6
E 区	≥10 ℃活动积温(℃·d)	51.9	411.8	554.0	—	—	1 944.4
	平均气温(℃)	26.0	24.2	21.3		—	17.6
	降水量(mm)	20.8	35.1	85.2		—	320.6
	日照时数(h)	6.5	87.0	108.0	—	—	342.7

表 7.13 番茄各小区经济性状及产量

	A 区	B 区	C 区	D 区	E 区
齐苗—移栽平均叶片数(个)	8	5	6	5	7
营养生长期平均株高(cm)	34	23		35	35
小区产量(kg)	142	115	58	16	
折合亩产(kg)	3 155.7	2 555.7	1 289.0	355.6	—

7.3.3 试验数据分析

（1）温度对番茄的影响

移栽前，春季播种的番茄随着播期推迟生育期间隔日数均逐渐增加，夏季播种的番茄随着播期推迟生育期间隔日数均逐渐减少，表明温度是影响番茄苗期发育进程的主导因子，高温使番茄幼苗生长速度加快，生育期缩短。

在土壤墒情满足的情况下，气温在24～27 ℃时番茄出苗速度最快，播种后第3 d开始出苗；气温低于24 ℃或高于27 ℃时，随着气温的降低或升高出苗时间增加，气温在27～28 ℃时播种后第5 d开始出苗，气温在16～22 ℃时播种后第8 d开始出苗，气温在13～23 ℃时播种后第9 d开始出苗。

番茄移栽时的叶龄在5～9片之间，由于移栽时的叶龄不同，导致出苗至移栽期的天数和积温均不相同，但每生长1片叶所需积温基本一致。春季播种的番茄幼苗生长期日平均气温在12～26 ℃之间，每生长1片叶所需积温为62 ℃·d左右；而夏季播种的番茄幼苗生长期日平均气温在19～29 ℃之间，每生长1片叶所需积温为82 ℃·d左右。试验同时证明，番茄幼苗对温度适应能力较强。

番茄开花期对温度反应较为敏感，尤其是开花前5～9 d及开花后2～3 d对温度要求较严格，白天25 ℃左右，夜间17 ℃左右时，花器官的发育最充分。本试验中，5个播期番茄始花期日平均气温在22.1～25.3 ℃之间，而开花前5 d的平均气温在20.2～26.8 ℃之间，播种至开花期≥10 ℃积温为920～1 200 ℃·d（见图7.9），日平均气温稳定在18 ℃以上。这证明番茄生育期内在一定积温的基础上，也必须达到一定的温度才能开花。

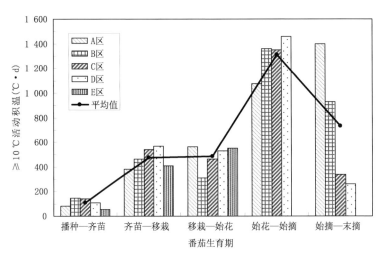

图7.9　番茄各生育期积温情况

　　番茄结果期可忍耐较高气温,低温对果实形成的影响较大。试验中日极端最高气温连续 3 d 在 36 ℃ 条件下,番茄仍能正常成熟,气温逐渐下降到 20 ℃ 以下后,成熟速度明显降低,而气温低于 10 ℃ 时,则不能正常成熟。D 区番茄受温度影响,从开花到采收初期的间隔时间最长。

　　A,B,C,D 等 4 个区番茄均正常成熟,产生经济效益,E 区虽然能够开花但不能正常成熟,没有经济效益。如果土壤墒情适宜,各播种期的番茄理论上应该能一直开花结果,直到气温降低至不能正常开花结果为止。各分期处理积温和生育期表现一致,A 区积温最多,为 3 796.7 ℃ · d;E 区最少,只有 1 910 ℃ · d,可以认为番茄在积温为 1 910 ℃ · d 及以下时,不能结果或不能正常成熟。根据番茄种子发芽下限温度为 15 ℃、根系生长下限温度为 6 ℃,番茄生长发育上限温度为 35 ℃、下限温度为 10 ℃,A 区的播种期还可以提前、生育期延长;而 E 区不能再继续推迟。试验表明,榕江番茄在 2 月中下旬气温稳定通过 10 ℃ 初日前播种育苗,可延长番茄生育期长度,从而提高产量,如果在 8 月下旬以后播种,则番茄不能正常成熟。

　　通过相关分析分析温度条件对各试验小区不同生育期日数及产量的影响,得到番茄采收始期—末期所需天数与该时期 ≥10 ℃ 积温呈显著正相关(见图 7.10),其相关系数见表 7.14。表明在番茄适宜生长范围内,采收期活动积温越高,结果期越长,越有利于产量形成。

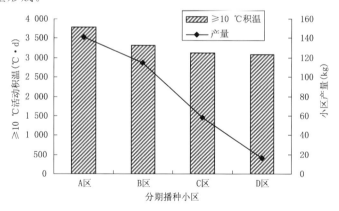

图 7.10　番茄不同分期播种小区产量与 ≥10 ℃ 积温关系图

表 7.14　番茄采收期及产量与气象条件相关性分析

	≥10 ℃ 活动积温	降水量	日照时数
采收始期—末期日数	0.965*	—	—
产量	—	0.993**	0.974*

注:** 表示通过了 0.01 的显著性水平检验;* 表示通过了 0.05 的显著性水平检验

（2）降水对番茄各生育期的影响分析

番茄从播种—采收末期表现出了较强的耐旱特性，结果期充足的水分能促进果实膨大。试验表明，在没有灌溉的情况下，随着全生育期内降水量的增加，番茄生育期越长，产量越高（见图 7.11）。这进一步证明，在温度条件满足的情况下，降水量适当提高，可以提高番茄的产量。

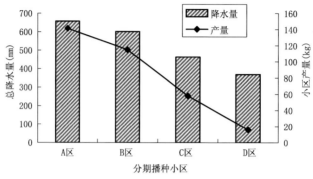

图 7.11　番茄不同分期播种小区产量与总降水量关系图

（3）日照对番茄各生育期的影响分析

番茄全生育期内每天日照时数平均为 4.3 h 即能满足正常生长需求，并且幼苗期所需日照时数相对较短，平均每天 3.0 h 日照即能满足番茄苗期生长；番茄进入生殖生长后，平均每天所需日照时间相对较长，平均每天日照时数在 4.0 h 以上才能满足番茄生殖生长的需求。在榕江随着播种期的推迟，番茄全生育期获得的总日照时数越少。

随着全生育期内日照时数的增加，番茄的产量也增加（见图 7.12），这说明，当番茄全生育期内热量和水分条件满足时，适当增加光照时间，可以提高番茄产量。

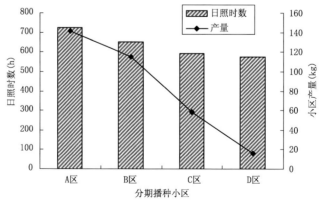

图 7.12　番茄不同分期播种小区产量与日照时数关系图

7.3.4　气象灾害对番茄各生育期的影响分析

在番茄分期播种试验过程中,5 个播期分别遭遇到了冰雹、渍涝、干旱及霜冻,对植株生长发育造成不同程度的影响,部分导致减产。A,B,C,D 区 4 个处理中,全生育期经历日数最长的是 A 区,为 165 d,最短的是 C 区,经历了 125 d;A,B,C 区均是由于后期干旱而导致番茄植株干枯死亡,导致全生育期缩短,D 和 E 区均由于遭受霜冻而导致植株死亡,全生育期缩短(见表 7.15)。番茄霜冻前后长势对比见图 7.13。

表 7.15　番茄各播期主要气象灾害影响时段

	A 区	B 区	C 区	D 区	E 区
冰雹	大田苗期,5% 植株茎叶受损	育苗期,无损失	无	无	无
渍涝	开花期,雨水多、湿度大,造成疫病感染	幼苗期,出现涝害,造成烂根,长势弱,估计造成减产 15%	无	无	无
高温干旱	结果期,雨水持续偏少,高温干旱造成植株干枯死亡,生育期缩短	开花结果期,6 月中旬以后出现高温干旱,叶片失水,植株干枯死亡,导致生育期缩短,估计造成减产 10%	开花到结果盛期,高温干旱严重,7 月 25 日有 50% 植株失水枯萎,8 月 10 日 80% 植株失水枯萎	播种到移栽期,遇高温干旱,因浇水保苗,故对番茄苗影响不大	无
霜冻	无	无	无	12 月 20 日霜冻,至植株枯死	12 月 20 日霜冻,至植株枯死

(a)番茄遭受霜冻前长势

(b)番茄遭受霜冻后长势

图 7.13　番茄霜冻前后长势对比

A 分期播种小区：番茄移栽到大田后的第 7 d 遭遇到冰雹灾害，5％的番茄植株茎叶受损，对产量的影响较小。在其始花期至采收始期的 52 d 里，有 30 d 出现降水，总降水量达 350.6 mm，致使番茄田间湿度大，出现轻度疫病，番茄苗势偏弱，影响产量；番茄结果采收期的 46 d 里，有雨日 17 d，总降水量只有 77.6 mm，而平均气温高达 28.2 ℃，出现了较严重的高温干旱，造成番茄生育期缩短、植株干枯死亡，对产量造成影响。

B 分期播种小区：番茄出苗普遍期出现冰雹灾害，但对于育苗期的番茄影响不大；移栽后到开花前的 15 d 中，有 10 d 出现小雨或中雨，致使田间湿度大、出现涝害，番茄苗长势弱并有烂根现象，估计造成小区番茄减产约 15％；5 月 24 日—6 月 10 日正值番茄开花盛期，19 d 中有 14 d 出现降水，其中 3 d 大雨、1 d 暴雨，总降水量达 224.1 mm，试验小区出现积水，增加了病虫害发生概率，但番茄受害现象不明显；番茄果实成熟期的 32 d 里，≥0.1 mm 的降雨日数仅有 11 d，总降水量仅有 15.6 mm，平均气温高达 28.2 ℃，出现了严重高温干旱，引发落果，并导致叶片失水，植株干枯死亡，生育期缩短，估计造成减产约 10％。

C 分期播种小区：进入 7 月以后，小区番茄处于开花结果后期，此时出现了持续高温少雨天气，干旱严重，导致叶片枯黄萎蔫、落花落果等。据观测，7 月 25 日有50％植株失水枯萎，8 月 10 日失水枯萎植株达 80％。因高温干旱，本小区番茄生育期明显偏短，未能达到最大生物学产量。

D 分期播种小区：本小区番茄 7 月 20 日苗床播种育苗，8 月 13 日移栽到试验小区，9 月 2 日开始开花，9 月 9 日进入开花结果期。由于气温逐渐降低，积温偏低，不利于正常开花结果，且易导致落花落果，使植物生物学产量受到较大影响。12 月 20日最低气温降至 1.1 ℃，出现霜冻，植株叶片枯萎死亡。

E 分期播种小区：本小区番茄 8 月 30 日苗床播种育苗，9 月 18 日移栽到试验小区，由于气温逐渐降低，生长积温不够，未能形成生物学产量。12 月 20 日最低气温降至 1.1 ℃，出现霜冻，植株叶片枯萎死亡。

7.3.5　小结

番茄是喜温作物，对温度的适应能力强，不同生育时期对温度的要求不同。气温在 24～27 ℃时番茄出苗速度最快，气温低于 24 ℃或高于 27 ℃时，随着气温的降低或升高出苗时间增加；番茄幼苗对温度的适应能力较强，每片叶生长所需积温基本一致，春季播种的番茄幼苗每生长 1 片叶所需积温为 62 ℃·d 左右，夏季播种的番茄幼苗每生长 1 片叶所需积温为 82 ℃·d 左右；番茄开花在需要一定积温的基础上，还需要日平均气温必须达到一定的条件，番茄播种至开花所需积温为 920～1 200℃·d，要求日平均气温稳定在 18 ℃以上；番茄结果期可忍耐较高气温，气温低于10 ℃时，番茄不能正常成熟。

　　番茄地上部分茎叶繁茂,蒸腾作用强,需水量多,但其根系发达,吸水能力强,具半耐旱特点,在不同生育期对水分要求不同。幼苗期如果田间排水不畅、长时间积水,会造成烂根;开花结果期,如果阴雨天气多、造成田间湿度大,易引发疫病感染;开花结果期,若出现干旱会导致叶片失水、植株死亡。本试验番茄在没有灌溉的情况下,产量随着全生育期内降水量的增加而增加。苗期因降水过多,A 和 B 区试验田出现渍害,对产量造成影响,因此建议在实际生产中番茄田应预留排灌水沟,及时排灌,获得高产。

　　番茄是喜光短日照作物,对光照要求不太严格,但充足的光照有利于产量形成,在不同的生育期对光照要求不同。番茄幼苗期日照时数平均每天 3.0 h 以上、开花结果期平均每天 4.0 h 以上,即能满足生长需求,在其适宜光照条件内,产量随日照时数的增加而增加。因此,设施栽培适当增加番茄生育期内光照,可以提高产量。

7.4　西葫芦分期播种试验

7.4.1　试验概况

　　本试验于 2013 年 3 月 1 日—12 月 20 日(共 10 个月)在榕江县古州镇六百塘村进行。试验田面积为 150 m²,长方形,供试小区 5 个,每小区面积 30 m²,土壤类型为水稻土,偏酸性,肥力中等,河水通过渠道可全年灌溉,前茬作物为水稻。栽培方式为营养袋播种、起垄覆盖栽培,各小区按统一标准进行田间管理,移栽前施肥、耕地、覆膜。每小区施农家肥 0.38 kg,耕地方式为人工锨挖(深度 20~25 cm)。试验方案按随机区组设计,种植规格按 1 株/m² 进行定植。

7.4.2　试验观测结果

　　(1)西葫芦生育期观测

　　西葫芦分期播种分别为 A 区(3 月 1 日)、B 区(3 月 15 日)、C 区(4 月 10 日)、D区(8 月 10 日)、E 区(9 月 1 日),共 5 期。分别观测记录播种期、齐苗期、移栽期、始花期、始瓜期、终瓜期的时间,表 7.16 详细列出了 5 个播种期的各生育期的时间。

表 7.16　西葫芦各小区不同播期的生育期日期

生育期	A 区	B 区	C 区	D 区	E 区
播种期	3 月 1 日	3 月 15 日	4 月 10 日	8 月 10 日	9 月 1 日
齐苗期	3 月 10 日	3 月 25 日	4 月 17 日	8 月 20 日	9 月 9 日
移栽期	3 月 12 日	3 月 29 日	4 月 23 日	8 月 28 日	9 月 13 日
始花期	4 月 13 日	4 月 26 日	5 月 15 日	9 月 22 日	10 月 8 日
始瓜期	4 月 23 日	5 月 6 日	5 月 23 日	10 月 10 日	10 月 22 日
终瓜期	6 月 13 日	6 月 13 日	6 月 20 日	12 月 2 日	12 月 2 日

各试验小区生育期图片见图 7.14。

(a)育苗期　　　　　　　　　　　(b)大田苗期

(c)始花期　　　　　　　　　　　(d)始瓜期

图 7.14　西葫芦关键生育期图片

根据各试验小区不同生育期出现的时间,计算出各生育期的间隔日数(见表 7.17),春季播种西葫芦随着播期的推迟,生育期长度缩短,始花期也逐渐缩短。夏季播种也呈现类似的规律。但播种—齐苗时间间隔较相近,说明播种—齐苗期温度影响不大。

表 7.17　各生育期经历间隔日数　　　　　　　　　　　　单位:d

生育期	A 区	B 区	C 区	D 区	E 区
播种—齐苗	9	10	7	10	8
齐苗—移栽	2	4	6	8	4
移栽—始花	32	28	22	25	25
始花—始瓜	10	10	8	18	14
始瓜—终瓜	51	38	28	53	41
全生育期	104	90	71	114	92

（2）西葫芦生育期气象条件观测

通过自动气象站记录西葫芦分期播种期间温度、降水量和日照等气象要素，分别统计各生育期积温、降水量和日照时数，见表 7.18。

表 7.18　西葫芦各小区不同生育期的气象要素观测

分期播种小区	气象要素	播种—齐苗期	齐苗—移栽期	移栽—始花期	始花—始瓜期	始瓜—终瓜期	全生育期
A 区	≥10 ℃活动积温(℃·d)	125.8	38.8	554.6	196.4	1 196.9	2 112.5
	平均气温(℃)	14.0	19.4	17.3	19.6	23.5	18.8
	降水量(mm)	0.1	0	206.6	9.7	359.9	576.3
	日照时数(h)	52.1	6.1	75.9	48.1	191.7	373.9
B 区	≥10 ℃活动积温(℃·d)	186	68.9	500.9	183.1	937	1 896.8
	平均气温(℃)	18.6	17.2	17.9	18.3	24.7	19.3
	降水量(mm)	61.1	24.1	108.7	39.1	308.9	541.9
	日照时数(h)	28.1	14.7	81.1	14.5	170.2	309.4
C 区	≥10 ℃活动积温(℃·d)	117	120.2	469.7	184.6	732.8	1 624.3
	平均气温(℃)	16.7	20.0	21.4	23.1	26.2	21.5
	降水量(mm)	12.6	9.5	90.6	45.2	226.8	384.7
	日照时数(h)	24.1	24	77.4	21.2	139.2	285.9
D 区	≥10 ℃活动积温(℃·d)	272.4	212.9	624.8	624.8	871.3	2 351.4
	平均气温(℃)	27.2	26.6	25.0	34.7	16.4	24.1
	降水量(mm)	25.6	20.5	55.9	55.9	85.2	301.6
	日照时数(h)	45.8	31	120.4	120.4	75.6	399.6
E 区	≥10 ℃活动积温(℃·d)	176.1	105.3	565.8	257.4	651.8	1 756.4
	平均气温(℃)	22.0	26.3	22.6	18.4	15.9	21.1
	降水量(mm)	17.4	17.6	85.3	39.9	74.5	234.7
	日照时数(h)	5.9	27.3	121.3	56.2	86.8	297.5

（3）不同播种期产量观测

在不同播期小区西葫芦采收后进行采摘称重，观测小区产量并折合成亩产，观测结果见表 7.19。

表 7.19　西葫芦各播期产量

	A 区	B 区	C 区	D 区	E 区
小区产量(kg)	112.5	92.0	70.5	54.0	22.5
折合亩产(kg)	2 500.1	2 044.5	1 566.7	1 200.0	500.0

7.4.3　试验数据分析

（1）温度对西葫芦的影响

通过 5 个不同播期（5 个小区）西葫芦整个生育期的平均气温（见表 7.18）来看，A 区全生育期的平均气温最低，D 区最高。由图 7.15 和图 7.16 可以看出，总积温为 D 区最高，A 区次高；但产量为 A 区最高，从 A 区至 E 区依次降低，E 区最低。说明在一定范围内，产量随积温的增加而增加，因为积温越高，西葫芦全生育期持续日数越长或日平均气温越高，植物积累有机物越充分，但当日平均气温超过一定界限后，高温便成为西葫芦生长的限制性因素，如 D 区，因为气温过高呼吸作用旺盛，抵消了光合作用，造成 D 区虽然积温较高，产量仍然较低。

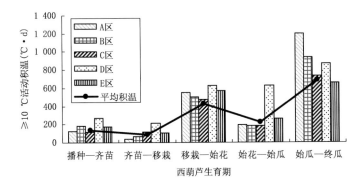

图 7.15　西葫芦各生育期积温情况

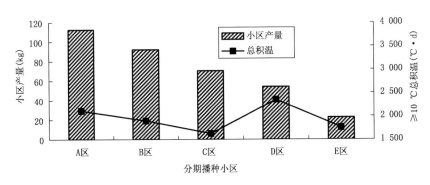

图 7.16　西葫芦不同分期播种小区产量与积温关系图

从西葫芦不同生育期的外观上看，不同播种期在相同生育阶段的植株大小、叶色深浅、叶片大小、单株叶片数上存在明显差异，尤其是始花期以及始瓜期表现得十分突出：A 区作物长势最好，叶片颜色最深、叶片数最多、单片叶子最大、植株最大，其次为 B 区，E 区最差。从不同播期的不同生育期气温的分布情况来看：A，B 和 C 区从播种至成熟基本上都是逐渐升高;D和E区基本上是逐渐降温的趋势,D区在开花至结果期还经历了一段高温,各生育期的气温基本上都不适宜西葫芦生长发育,造成基本上这两个区的有效积温都较低。表7.20的相关性分析结果表明,西葫芦播种到齐苗与平均气温呈较为显著的负相关,即在下限温度满足的情况下气温较低,西葫芦出苗越快;西葫芦齐苗以后,幼苗生长速度与气温呈较为显著的正相关,即较高气温下幼苗生长较快。D区和E区比较,结果前D区平均气温均比E区高,积温比E区高,积累的有机物也较E区高,故产量较E区高。D区和前三个区比较来看,D区在结果期前一直处于较高的气温之下,有一部分高温是无效的,甚至是有害的,所以积累的有机物较前三个区少,从外部形态上看,造成D区西葫芦虽然叶片较大,植株个体也大,但是可能由于气温为最高,细胞只是形态上拉长,但是积累的有机物仍然不如A,B和C。进入始瓜期时,由于气温较高,D区基部叶片大部变黄,不能为瓜体的后续生长提供营养,故也造成产量低于A,B和C区,但与E区比较来看,D区西葫芦生长的密度、高度、叶片数等要明显好于E区,所以产量也明显高于E区。

表7.20 西葫芦不同生育期进程与平均气温相关性分析

	播种—齐苗	齐苗—移栽	移栽—始花	始花—始瓜	始瓜—终瓜
平均气温(℃)	−0.902*	0.896*	−0.809	−0.390	0.655

注:* 表示通过了0.05的显著性水平检验

(2)降水量对西葫芦的影响

通过相关性分析(见表7.21),西葫芦进入齐苗期以后各生育期的长短与各生育期内的降水量没有明显的关系,但降水过多或过少都影响西葫芦的发育进程。从不同生育期来看,移栽至始花期以及结果期所需时间最长,其间降水量也是所有生育期中最多的两段,降水匹配比较适宜。

表7.21 西葫芦不同生育期进程与降水量相关性分析

播种—齐苗	齐苗—移栽	移栽—始花	始花—始瓜	始瓜—终瓜
−0.76*	−0.17	−0.51	+0.45	−0.61

注:* 表示通过了0.05的显著性水平检验

但是播种和移栽期降水过多影响西葫芦的出苗和苗期生长。从降水量与产量的分布图(见图7.17)上看,降水量越多产量越高,特别是结瓜期降水量越高,产量越高。

分别统计西葫芦不同播种期小区整个生育期内总降水量,结合不同播期小区产量,分析总降水量对西葫芦小区产量的影响。由图7.18可知,在分期播种小区内,随着西葫芦全生育期内降水量的减少,西葫芦的产量也减少,特别是结瓜期降水量越多,产量越高。

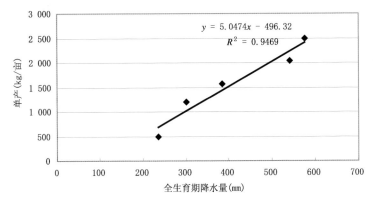

$$y = 5.0474x - 496.32$$
$$R^2 = 0.9469$$

图 7.17　西葫芦单产与降水量线性关系图

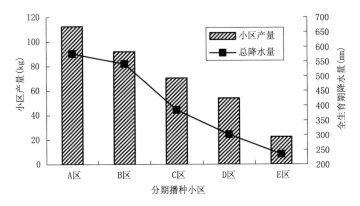

图 7.18　西葫芦不同分期播种小区产量与全生育期降水量关系图

(3)日照对西葫芦的影响

从图 7.19 可以看出,除 D 区外,A,B,C 和 E 区随着日照时数的减少,产量明显

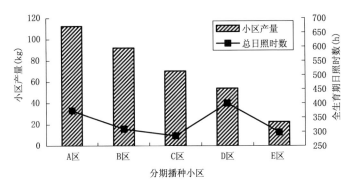

图 7.19　西葫芦不同分期播种小区产量与全生育期日照时数关系图

降低,D 区光照虽然较多,但由于平均气温过高,光合产物不能正常转化为有机物,因此不能形成产量。

通过相关性分析(见表 7.22),西葫芦齐苗到移栽期、始花到始瓜期与期间日照时数呈现明显的正相关关系。其中,西葫芦齐苗到移栽期日照时数对叶片数生长及光合作用具有明显的促进作用,始花到始瓜期日照时数对西葫芦花期授粉及果实形成具有明显的促进作用。

表 7.22 　西葫芦不同生育期进程与日照时数相关性分析

播种—齐苗	齐苗—移栽	移栽—始花	始花—始瓜	始瓜—终瓜
−0.53	+0.84*	−0.35	+0.93*	−0.14

注:* 表示通过了 0.05 的显著性水平检验

7.4.4　气象灾害对西葫芦的影响

在西葫芦分期播种试验过程中,A 和 B 两个播期分别遭遇到了冰雹气象灾害(见表 7.23)。4 月 5 日榕江县出现冰雹,A 区处于 10 叶期,6% 茎叶受损,估计对产量的影响为 5%;4 月 5 日 B 区处于 5 叶期,8% 茎叶受损,估计对产量的影响为 9% 左右。

表 7.23 　西葫芦各播期主要气象灾害影响时段

	A 区	B 区	C 区	D 区	E 区
冰雹	4 月 5 日西葫芦 10 叶期遭遇冰雹,茎叶受损	4 月 5 日西葫芦 5 叶期遭遇冰雹,茎叶受损	无	无	无

7.4.5　小结

西葫芦喜温,并且对温度有较强的适应性,但各生育期的适宜气温有所差异。气温在 14~29 ℃时西葫芦均可出苗,在 24~25 ℃时出苗速度最快。移栽至始花期≥10 ℃活动积温一般要达到 540 ℃·d 左右,日平均气温稳定通过 15 ℃初日时西葫芦进入开花期,当气温在 20 ℃左右时移栽,开花所需时间最短、所需积温最少。气温在 13~25 ℃时西葫芦果实均可正常生长,生长发育最快的温度范围为 21~24 ℃。前期仅需要较低的气温即可正常生长,前期气温过高(>25 ℃)造成西葫芦徒长,对干物质积累不利,开花结果期气温高(>30 ℃),不利于开花结果。春季可以适当早播,秋季可适当晚播(避开高温危害),确保结瓜期内每天平均日照时数为 3~4 h,可获得较高产量。

西葫芦各生育期的长短与各生育期内的降水量没有明显的关系,但西葫芦具有较强的耐涝特性,生育期内降水量越多,产量越高。

7.5 小白菜分期播种试验

7.5.1 试验概况

本试验于 2013 年 3 月 1 日—2014 年 1 月 28 日(共 11 个月)在榕江县古州镇六百塘村进行。试验田面积为 140 m²,土壤类型为水稻土,肥力中等,河水通过渠道可全年灌溉。供试小区 7 个,每个小区面积 20 m²,栽培方式直播,试验田同一标准进行管理,播前施肥、耕地。本试验早熟小白菜品种"香港学斗",是贵州省黔东南州榕江县丰源绿色农业发展有限公司供港、澳蔬菜基地小白菜的主栽品种。

7.5.2 试验观测结果

(1)小白菜生育期观测

试验按随机区组设计,播期分别为 A 区(3 月 1 日)、B 区(4 月 10 日)、C 区(5 月 20 日)、D 区(6 月 30 日)、E 区(9 月 1 日)、F 区(10 月 15 日)、G 区(12 月 1 日),共 7 期。小白菜从种子播种到采收结束经历播种期、齐苗期和采收期等 3 个生育期(见图 7.20),表 7.24 给出了 7 个试验小区各生育期的观测结果。

(a)播种期　　　　　　　　　　　　　(b)齐苗期

(c)7 叶期　　　　　　　　　　　　　(d)采收期

图 7.20 小白菜生育期观测

表 7.24　小白菜各小区不同播期田间设计和生育期日期

生育期	A 区	B 区	C 区	D 区	E 区	F 区	G 区
播种期	3 月 1 日	4 月 10 日	5 月 20 日	6 月 30 日	9 月 1 日	10 月 15 日	12 月 1 日
齐苗期	3 月 12 日	4 月 20 日	5 月 31 日	7 月 5 日	9 月 3 日	10 月 22 日	12 月 11 日
采收始期	4 月 10 日	5 月 14 日	7 月 1 日	7 月 24 日	10 月 8 日	12 月 10 日	1 月 28 日
采收结束	4 月 10 日	5 月 14 日	7 月 8 日	7 月 31 日	10 月 10 日	12 月 10 日	1 月 28 日

从试验观测及统计结果看(见表 7.25),夏季播种的小白菜全生育期较其他播期的短,秋冬季播种的全生育期日数为最长。D 区齐苗—采收始期的时间间隔最短,随着播期的推迟,生育期延长。E 区播种—齐苗时间最短,为 2 d,这是由于较好的热量条件促进了小白菜的生长发育进程。

表 7.25　小白菜各生育期经历间隔日数　　　　　　　　　　　　单位:d

生育期	A 区	B 区	C 区	D 区	E 区	F 区	G 区
播种—齐苗	11	10	11	5	2	7	10
齐苗—采收始期	29	24	31	19	35	49	48
全生育期	40	34	49	31	39	56	58

(2)小白菜生育期气象条件观测

通过榕江县古州镇车江区域自动气象观测站逐日平均气温、降水量和榕江县国家级自动气象观测站逐日日照时数等气象要素资料,分别对小白菜的各生育期内所对应的积温、平均气温、降水量、日照时数进行统计,统计结果见表 7.26。

从≥0 ℃活动积温来看,全生育期积温,C 区最高,E 区次之,G 区最低;播种—齐苗期积温,C 区最高,B 区次之,E 区最低,为 49.1 ℃·d;齐苗—收菜期积温,E 区最高,C 区次之,G 区最低。从平均气温来看,全生育期平均气温最高为 D 区,其次是 C 区,最低是 G 区。从降水量来看,全生育期降水总量,C 区最多,A 区次之,D 区最少;播种—齐苗期降水量,C 区最多,F 区次之,D 区和 G 区没有降水;齐苗—收菜期降水量,A 区最多,C 区次之,D 区最少。从日照时数来看,全生育期日照时数,C 区最多,D 区次之,F 区最少;播种—齐苗期日照时数,C 区最多,A 区次之,F 区最少;齐苗—收菜期日照时数,F 区最多,C 区次之,A 区最少。

表 7.26　小白菜各小区不同生育期的气象要素观测

分期播种小区	气象要素	播种—齐苗	齐苗—收菜	全生育期
A 区	≥0 ℃活动积温(℃·d)	164.6	527.6	692.2
	平均气温(℃)	15.0	18.2	17.3
	降水量(mm)	0.1	196.8	196.9
	日照时数(h)	58.2	75.9	134.1
B 区	≥0 ℃活动积温(℃·d)	192.1	514.8	706.9
	平均气温(℃)	19.2	21.5	20.8
	降水量(mm)	22.1	90.6	112.7
	日照时数(h)	47.3	78.2	125.5
C 区	≥0 ℃活动积温(℃·d)	278.8	833.3	1 306.5
	平均气温(℃)	25.3	26.9	26.7
	降水量(mm)	112.1	188.8	303.3
	日照时数(h)	64.0	146.0	240.1
D 区	≥0 ℃活动积温(℃·d)	138.5	563.9	899.8
	平均气温(℃)	27.7	29.7	29.0
	降水量(mm)	3.1	12.8	16.4
	日照时数(h)	24.3	124.9	191.4
E 区	≥0 ℃活动积温(℃·d)	49.1	855.7	904.8
	平均气温(℃)	24.6	24.4	23.2
	降水量(mm)	0.0	120.3	120.3
	日照时数(h)	1.1	178.1	179.2
F 区	≥0 ℃活动积温(℃·d)	115.8	753.8	869.6
	平均气温(℃)	16.5	18.4	18.1
	降水量(mm)	39.9	74.5	114.4
	日照时数(h)	1.3	113.3	114.6
G 区	≥0 ℃活动积温(℃·d)	125.3	448	573.3
	平均气温(℃)	12.5	9.3	9.9
	降水量(mm)	0.0	75.9	75.9
	日照时数(h)	39.5	126.6	166.1

(3)不同播种期产量观测

根据蔬菜试验设计方案,在规定的时期测定了小白菜的株高、密度及小区产量,并对单产进行了折合计算,结果见表 7.27。由表 7.27 可知,春收和夏收的小白菜随着播种期的推迟,生育期缩短、积温增加、产量下降,秋种秋收的小白菜生育期较短、积温较少、产量最高,秋种冬收或冬种冬收的小白菜随着播种期的推迟,生育期延长、积温减少、产量逐渐降低。这说明,小白菜虽然四季可种,但因为播种和收获季节的不同,而造成产量的差异,这与不同季节随时间的推移气温升降变化的差异有关。

表 7.27　小白菜各小区经济性状及产量

	A 区	B 区	C 区	D 区	E 区	F 区	G 区
株高(cm)	7.18	4.90	10.21	12.81	15.63	12.30	4.44
密度(株/m²)	636	386	611	356	989	846	424
小区产量(kg)	20.5	1.5	19.0	26.8	50.0	43.5	40.5
折合亩产(kg)	683.3	50.0	633.4	891.7	1 666.7	1 450.1	1 350.1

7.5.3　试验数据分析

(1)气温对小白菜的影响

从各小区各间隔日数与平均气温、$\geqslant 0$ ℃活动积温的相关性分析来看(见表 7.28),小白菜的出苗速度与平均气温的关系不显著,但与积温呈较为显著的正相关,即积温越多,播种到齐苗的时间间隔越长,出苗速度越慢。小白菜齐苗到采收的间隔日数与平均气温呈较为显著的负相关,即小白菜从齐苗到采收期平均气温越高,则时间间隔越短,也就是说平均气温越高小白菜生长越快。小白菜采收的早晚与积温没有较为显著的关系。但小白菜叶片数与积温的相关系数为 0.777 9,通过了 0.05 的显著性水平检验,也就是说,小白菜齐苗以后,所获积温对叶片的生长影响较大。

表 7.28　温度条件与小白菜生育期长度的相关系数

	播种—齐苗	齐苗—采收始期	全生育期	叶片数	产量
平均气温	−0.518 3	−0.785 4 *	−0.660 6	0.122 6	−0.248 1
$\geqslant 0$ ℃活动积温	0.766 9 *	0.073 2	−0.027 4	0.777 9 *	−0.047 7

注: * 表示通过了 0.05 的显著性水平检验

在土壤墒情满足的情况下,气温在 10～29 ℃之间小白菜均能出苗,并且气温在 24～25 ℃时小白菜出苗速度最快,播种后第 3 d 就会齐苗;当气温低于 24 ℃或高于 25 ℃时,随着气温的降低或升高,齐苗时间增加。小白菜采收时,叶片数一般为 6～9 片叶,每片叶生长所需积温平均为 68 ℃·d,所需时间平均为 3 d 左右;在不同的气温段内,每片叶生长所需时间和积温有所差异(见表 7.29),气温在 4.5～30 ℃时小白菜叶片均可生长,叶片生长速度最快的气温是 19.3～27.6 ℃,气温在 13.5～22.5 ℃之间时 1 片叶长成所需积温最少。

表 7.29　小白菜各小区每片叶生长所需条件

	A 区	B 区	C 区	D 区	E 区	F 区	G 区
气温区间(℃)	13.7~22.4	12.2~25.3	21.2~30.1	27.5~29.2	19.3~27.6	12.2~22.5	4.4~16.8
每片叶积温(℃·d)	56.0	66.3	83.6	80.6	67.2	65.2	60.4
每片叶天数(d)	3.4	3.3	3.3	2.9	2.8	3.8	4.0

　　统计小白菜各生育期积温需求,由图 7.21 可知,在土壤墒情适宜情况下,小白菜从播种到齐苗期,所需积温不太稳定,平均积温为 152.0 ℃·d 左右;从齐苗到采收期,所需的平均积温为 642.4 ℃·d 左右。

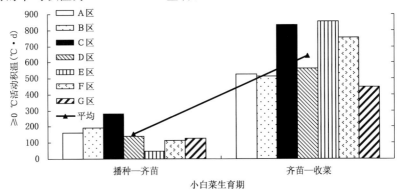

图 7.21　小白菜各生育期积温情况

　　播种到齐苗期间的积温与株高、密度的关系不显著,但与产量有较为显著的负相关,播种到齐苗期间的积温对小白菜的株高、密度的影响不大,但这段时间的积温越多则小白菜的产量越低。齐苗到采收始期的积温与株高、密度均有较为显著的正相关关系,也就是说齐苗到采收始期的积温越多,株高越高,密度也越大。小白菜齐苗到采收始期的积温与产量的相关系数为−0.047 7,没有明显的相关性(见表 7.28 和图 7.22)。

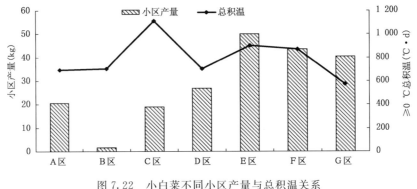

图 7.22　小白菜不同小区产量与总积温关系

（2）降水对小白菜的影响

小白菜播种到齐苗的时间长短与降水量的关系不显著,小白菜齐苗到采收的累计降水量与其生育期长短关系也不显著(表 7.30)。但在试验中小白菜表现出了不耐涝的特性,B 区进入 4~5 叶期,由于连续降雨,试验田排水不畅,渍涝严重,造成烂根死苗,生育期明显偏短;D 区齐苗以后气温高、降雨少,出现干旱,造成生育期缩短。由此证明,小白菜不耐积涝,特别是营养生长前期的 4~5 叶期,田中积水易造成烂根,同时小白菜不耐高温干旱。总之,在小白菜发育期间,如果出现积涝或干旱均会导致叶片数减少,影响高产(见表 7.30 和表 7.31)。

表 7.30　降水量与小白菜生育期长度的相关系数

	播种—齐苗	齐苗—采收	全生育期
降水量	0.387 6	0.063 8	0.290 5

表 7.31　降水量、日照时数与小白菜不同生育期株高、密度及产量的相关系数

气象要素	生育期	株高	密度	产量
降水量	播种—齐苗	0.071 4	0.073 0	−0.269 6
	齐苗—采收	−0.142 5	0.347 9	−0.219 0
	全生育期	−0.068 9	0.281 0	−0.280 1
日照时数	播种—齐苗	−0.685 5	−0.568 2	−0.750 7 *
	齐苗—采收	0.684 3	0.500 6	0.667 9
	全生育期	0.298 2	−0.083 5	0.026 4

注：* 表示通过了 0.05 的显著性水平检验

由表 7.31 可见,播种到齐苗期间的降水量与株高、密度和产量均没有较为显著的相关关系,也就是说,出苗期的降水量对株高、密度和产量的影响不显著。

但试验观测数据表明,小白菜不耐旱也不耐涝,在没有灌溉的情况下,在土壤水分较为适宜的范围内,随着全生育期内降水量的增加,小白菜的产量增加,水分过多或过少,都会造成减产。图 7.23 显示,当小白菜全生育期降水量在 120 mm 左右时,产量最高。这进一步证明,在温度条件满足的情况下,及时排除田间积水或及时灌溉,可以提高小白菜的产量。

（3）日照时数对小白菜的影响

小白菜播种后,日照时数与播种到齐苗期间隔日数呈较为显著的正相关(见表 7.32)。日照时数越多,播种到齐苗的时间越长,即出苗速度越慢。小白菜齐苗到采收的时间长短与其间的总日照时数关系不显著(见表 7.32)。

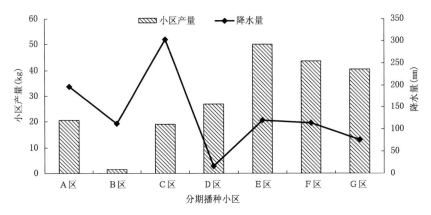

图 7.23　小白菜不同小区产量与降水量关系

表 7.32　日照时数与小白菜生育期长度的相关系数

	播种—齐苗	齐苗—采收	全生育期
日照时数	0.862 8*	0.277 1	0.115 8

注：*表示通过了 0.05 的显著性水平检验

但试验观测数据表明，在水分条件满足的情况下，春收小白菜，当每天有 3 h 左右的日照时，从齐苗到采收约需 26 d；夏收小白菜，当每天有 5 h 左右的日照时，从齐苗到采收约需 30 d；秋收小白菜，当每天有 5 h 左右的日照时，从齐苗到采收约需 35 d；冬收小白菜，当每天有 2.5 h 左右的日照时，从齐苗到采收约需 48 d。

播种到齐苗期间的日照时数与株高、密度没有较为显著的关系，与产量呈较为显著的负相关。也就是说，出苗期的日照对小白菜株高、密度的影响不显著，但出苗期的日照时数越多产量越低（见图 7.24）。

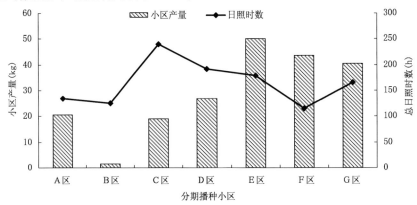

图 7.24　小白菜不同小区产量与总日照时数关系

7.5.4　气象灾害对小白菜的影响

由表 7.33 可知,在小白菜分期播种试验过程中,A 区的小白菜在 7 叶期遭遇冰雹灾害,有 15％的植株受害,估计约造成 20％的减产。

表 7.33　小白菜各播期主要气象灾害

	A 区	B 区	C 区	D 区	E 区	F 区	G 区
主要气象灾害	冰雹	渍涝	病虫害	高温	无	无	干旱

B 区的小白菜在 4 叶和 5 叶期,由于长时间降水,田间排水不畅,出现渍涝灾害(见图 7.25),有 92％的植株出现烂根,导致植株死亡,基本绝收。

图 7.25　小白菜渍涝灾害

C 区的小白菜在 4 叶期,由于雨日多、雨量大,出现积涝(见图 7.26);气温较高、湿度大,黄曲条跳甲、小菜蛾等病虫害较为严重,有 34.3％的植株受害,造成小白菜长势差(见图 7.27),估计减产 10％左右。

D 区的小白菜生长期内气温高,尽管降雨少,但由于前期雨水多,底墒好,长势快,造成生育期较短,影响产量。

7.5.5　小结

(1)小白菜性喜冷凉,适应性较强。小白菜出苗的适宜气温是 10～29 ℃,气温在 24～25 ℃时出苗速度最快;叶片生长速度最快的气温是 19～28 ℃。

(2)小白菜喜湿润,不耐干旱和积涝。

(3)小白菜的生长对日照没有严格的要求。春种春收小白菜,每天有 3 h 左右的日照时,生长期最短;秋种秋收小白菜,每天有 5 h 左右的日照时,产量较高。

图 7.26　小白菜积涝灾害

图 7.27　受积涝和病虫害影响的小白菜

7.6　芥蓝分期播种试验

7.6.1　试验概况

芥蓝试验于 2013 年 3 月 1 日—2014 年 3 月 7 日(共 12 个月)在榕江县古州镇六百塘村进行,试验田面积为 140 m²,供试小区 7 个,每小区面积 20 m²,栽培方式直播,试验田同一标准进行管理,播前施肥、耕地。土壤类型为水稻土,偏酸性,肥力中等,河水通过渠道可全年灌溉。选择"迟花芥蓝"早熟品种,是黔东南州榕江县丰源绿色农业发展有限公司供港、澳蔬菜基地芥蓝的主栽品种。

7.6.2　试验观测结果

(1)芥蓝生育期观测

芥蓝试验播期分别为 A 区(3 月 1 日)、B 区(4 月 10 日)、C 区(5 月 20 日)、D 区(6 月 30 日)、E 区(9 月 1 日)、F 区(10 月 15 日)、G 区(12 月 1 日),共 7 期。分播种期、齐苗期、抽薹期、采收期等 4 个生育期,各生育期日期见表 7.34,生育期观测图片见图 7.28。

表 7.34　芥蓝各小区不同播期田间设计和生育期日期

生育期	A 区	B 区	C 区	D 区	E 区	F 区	G 区
播种期	3 月 1 日	4 月 10 日	5 月 20 日	6 月 30 日	9 月 1 日	10 月 15 日	12 月 1 日
齐苗期	3 月 10 日	4 月 20 日	5 月 30 日	7 月 9 日	9 月 5 日	10 月 22 日	12 月 20 日
抽薹期	4 月 26 日	5 月 25 日	7 月 10 日	8 月 10 日	10 月 10 日	12 月 6 日	2 月 19 日
采收始期	5 月 2 日	6 月 3 日	7 月 15 日	8 月 21 日	10 月 28 日	12 月 23 日	2 月 24 日
采收后期	5 月 28 日	6 月 28 日	8 月 21 日	10 月 8 日	12 月 4 日	1 月 28 日	3 月 7 日

(a)齐苗期　　　　　　　　　　　　(b)抽薹期

(c)采收始期　　　　　　　　　　　(d)采收后期

图 7.28　芥蓝生育期观测

从试验观测及统计结果看(见表7.35),7个不同播期全生育期经历日数在88~105 d,其中最长的是F区,为105 d;最短的是B区,主要是由于春季播种的B区在苗期出现了渍涝灾害,导致生育期明显缩短为79 d。各处理的结果是夏季和秋季播种的芥蓝分别随播种期的推迟,生育期逐渐延长。

表7.35　芥蓝各生育期经历间隔日数　　　　　　　　　　　单位:d

生育期	A 区	B 区	C 区	D 区	E 区	F 区	G 区
播种—齐苗	9	10	10	9	4	7	19
齐苗—抽薹	47	35	41	32	35	45	61
抽薹—采收始期	6	9	5	11	18	17	5
采收始期—采收后期	26	25	37	48	37	36	11
全生育期	88	79	93	100	94	105	96

(2)芥蓝生育期气象条件观测

通过自动气象站记录分期播种期间温度、降水量和日照时数等气象要素,分别统计各生育期≥0 ℃活动积温、平均气温、降水量和日照时数,见表7.36。

表7.36　芥蓝各小区不同生育期的气象要素观测

分期播种小区	气象要素	播种—齐苗	齐苗—抽薹	抽薹—采收始期	采收始期—采收后期	全生育期
A 区	≥0 ℃活动积温(℃·d)	125.8	845.7	127.4	633.1	1 732.0
	平均气温(℃)	14.0	18.0	21.2	24.4	19.7
	降水量(mm)	0.1	228.2	23.3	145.5	397.1
	日照时数(h)	52.1	136.3	14.1	122.2	324.7
B 区	≥0 ℃活动积温(℃·d)	192.1	752.2	222.2	683.3	1 849.8
	平均气温(℃)	19.2	21.5	24.7	27.3	23.4
	降水量(mm)	22.1	136.4	130.5	135.0	424.0
	日照时数(h)	47.3	119.0	28.7	131.9	326.9
C 区	≥0 ℃活动积温(℃·d)	259.6	1 075.0	142.4	1 056.9	2 533.9
	平均气温(℃)	26.0	26.2	28.5	28.6	27.2
	降水量(mm)	97.2	206.1	2.3	39.9	345.5
	日照时数(h)	64.0	181.9	42.0	211.6	499.5
D 区	≥0 ℃活动积温(℃·d)	251.2	903.6	297.9	1 162.8	2 615.5
	平均气温(℃)	27.9	28.2	27.1	24.2	26.2
	降水量(mm)	3.2	14.2	28.0	159.2	204.6
	日照时数(h)	41.2	212.8	45.8	218.9	518.7

分期播种 小区	发育期	播种— 齐苗	齐苗— 抽薹	抽薹—采收 始期	采收始期— 采收后期	全生 育期
E 区	≥0 ℃活动积温(℃·d)	90.4	794.7	317.7	579.8	1 782.6
	平均气温(℃)	22.6	22.7	17.7	15.7	19.0
	降水量(mm)	14.1	106.2	42.2	72.2	234.7
	日照时数(h)	1.1	169.6	64.6	75.0	310.3
F 区	≥0 ℃活动积温(℃·d)	115.8	690.7	153.2	357.9	1 317.6
	平均气温(℃)	16.5	15.3	9.0	9.9	12.5
	降水量(mm)	39.9	74.5	65.1	10.8	190.3
	日照时数(h)	1.3	101.6	37.0	101.3	241.2
G 区	≥0 ℃活动积温(℃·d)	200.8	573.4	47.4	126.4	948.0
	平均气温(℃)	10.6	9.4	9.5	11.5	9.9
	降水量(mm)	65.1	23.0	7.9	16.2	112.2
	日照时数(h)	57.9	140.2	14.7	5.2	218.0

(3)不同播种期产量观测

在不同播期小区芥蓝收获后测定采收量,观测小区产量并折合成亩产,观测结果,见表 7.37。

表 7.37　芥蓝各不同播期小区产量

	A 区	B 区	C 区	D 区	E 区	F 区	G 区
小区产量(kg)	15.3	3.5	14.3	17.0	19.0	12.0	5.2
折合亩产(kg)	510.0	116.7	476.7	566.7	633.4	400.0	173.3

7.6.3　试验数据分析

(1)温度对芥蓝的影响

统计 7 个小区分期播种试验数据,分析芥蓝不同生育期积温需求,在土壤墒情适宜情况下,芥蓝从播种到齐苗期,所需≥0 ℃活动积温较稳定,平均积温为 176.5 ℃·d;从齐苗到抽薹期,所需平均积温为 805 ℃·d;抽薹到采收始期,平均积温为 186.8 ℃·d;采收始期到采收后期,平均积温为 657.1 ℃·d(见图 7.29)。全生育期平均积温为 1 825.6 ℃·d。各生育期所需积温随播种期的变化规律与其间隔日数规律基本一致,这表明温度是影响芥蓝苗期发育进程的主导因子。且芥蓝抽薹以前生长所需气温较高,菜薹生长所需气温较低。

从不同季节随机播种来看,夏季播种的 D 区积温最多,为 2 615.5 ℃·d,其次是春末播种的 C 区为 2 533.9 ℃·d,全生育期积温最少的为仲秋播种的 F 区,为 1 317.6 ℃·d(冬季播种的 G 区为 948.0 ℃·d 不列入其中),其余几期积温基本都

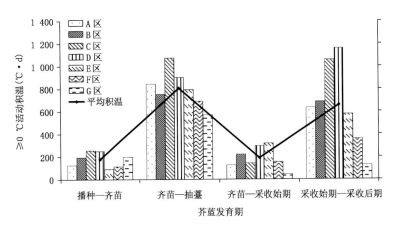

图 7.29　芥蓝各生育期积温情况

为 1 732~1 849.8 ℃ · d。不同季节种植的芥蓝生育期有所差异,即从播种到采收
所需时间不同,夏种和秋冬种的芥蓝生育期较长,春种的芥蓝生育期相对较短。

　　结合芥蓝生育期和期间温度条件的观测,通过相关性分析得出芥蓝各生育期的
平均气温对芥蓝各生育期进程的影响。由表 7.38 可知:平均气温与芥蓝齐苗—抽薹
期呈现明显的负相关关系,说明营养生长期温度过高不利于芥蓝抽薹。而其他生育
期与平均气温的关系并不明显。

表 7.38　芥蓝不同生育期进程与平均气温相关性分析

播种—齐苗	齐苗—抽薹	抽薹—采收始期	采收始期—采收后期
−0.528	−0.886**	−0.333	0.274

注:**表示通过了 0.01 的显著性水平检验

　　试验观测结果表明(见表 7.39),芥蓝一般在 9 片叶时才开始抽薹。一般情况下
每片叶生长所需积温为 81~95 ℃ · d,气温在 27.2~29.2 ℃时,每片叶生长最快需
要 3 d;出现渍涝且气温波动偏大的情况下,每片叶生长所需平均积温较多;低温干旱
情况下,每片叶生长所需平均积温较少。春季气温在 12~26 ℃波动的情况下,每片
叶生长所需时间为 5 d 左右;冬季每片叶生长所需时间平均为 6.5 d 左右。

表 7.39　芥蓝叶片生长所需条件

	A 区	B 区	C 区	D 区	E 区	F 区	G 区
气温区间(℃)	12.2~26.4	12.2~27.3	19.2~30.1	27.2~29.2	15.4~27.6	11.7~22.5	2.5~19.7
每片叶积温(℃ · d)	89.8	103.6	94.7	87.7	86.1	81.2	71.3
每片叶天数(d)	4.9	3.7	3.6	3.0	3.7	3.8	6.6

　　芥蓝抽薹以后,在冬季,气温逐渐回升时(日平均气温在 8.5～10.5 ℃之间波动),或在夏季,日平均气温维持在 27.5～29.5 ℃时,5 d 便可采收菜薹;春季气温逐渐回升,日平均气温维持在 18.5～24.0 ℃时,约 6 d 可采收菜薹;夏季后期气温逐渐下降,日平均气温在 24.0～30.0 ℃之间波动时,约 11 d 可采收菜薹;秋季气温在 13.5～23.0 ℃之间波动下降或初冬气温在 4.5～13.5 ℃之间波动下降时,从抽薹到采收大约需 17 d 的时间(见图 7.30)。

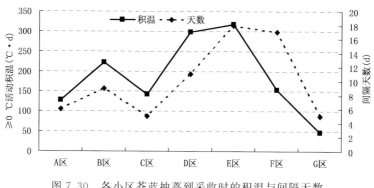

图 7.30　各小区芥蓝抽薹到采收时的积温与间隔天数

　　分别统计芥蓝分期播种小区全生育期内总积温,结合不同播期小区产量,分析积温对芥蓝小区产量的影响。由图 7.31 可知,在芥蓝分期播种小区,在水分和光照适宜的情况下,春收和夏收的芥蓝随着播种期的推迟,生育期长度增加,积温增加,产量增加;秋种秋收的芥蓝生育较短、积温较少、产量最高。说明芥蓝虽然四季可种,但因为播种和收获季节的不同,而造成产量的差异,这与不同季节随时间的推移气温的升降变化差异有关。

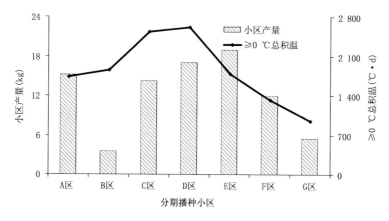

图 7.31　各小区芥蓝产量与全生育期≥0 ℃总积温关系

（2）降水对芥蓝的影响

芥蓝根系浅生，有主根和须根，主根不发达，根深 20～30 cm，须根多，主要根群分布在 15～20 cm 的耕作层内，因此芥蓝喜湿润，不耐干旱，全生育期内土壤应保持湿润，才能获得高产。抽薹后遇干旱，生育期缩短，试验表明，采收期在适宜气温条件下，平均每天有 3 mm 的降水，采收期最长可接近 50 d；初夏和秋季，平均每天有 1～2 mm 的降水，采收期近 40 d；春末夏初，平均每天降水多达 5～6 mm，采收期只有 25 d 左右。

分别统计芥蓝分期播种小区全生育期内总降水量，结合各小区产量，分析总降水量对芥蓝小区产量的影响。由图 7.32 可知，在分期播种小区内，不同播期的芥蓝对降水反应不同，在春季不同播期可以看出，春季多雨，如不及时排除田间积水，容易形成积涝，从而影响芥蓝的产量。总降水量在 200 mm 左右，能获得高产。

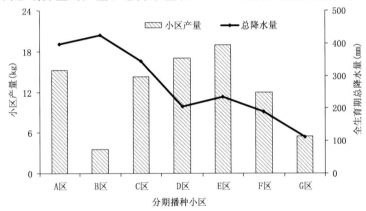

图 7.32　各小区芥蓝产量与全生育期总降水量关系

（3）日照时数对芥蓝的影响

通过相关性分析（见表 7.40），芥蓝采收始期—采收后期与其间日照时数呈明显正相关关系，其余生育阶段关系不明显，此生育阶段日照时数对采收具有明显的促进作用。

表 7.40　芥蓝不同生育期进程与日照时数相关性分析

播种—齐苗	齐苗—抽薹	抽薹—采收始期	采收始期—采收后期
0.684	−0.428	0.706	0.761*

注：* 表示通过了 0.05 的显著性水平检验

分别统计芥蓝分期播种小区全生育期内总日照时数，结合各小区产量，分析总日照时数对芥蓝小区产量的影响，由图 7.33 可知，总日照时数与产量的关系，和总积温、总降水量与产量关系的趋势大致一样。在适宜的气温和水分条件下，榕江芥蓝生育期内平均每天有 3~6 h 的日照,提高生育期的日照时数可以增加产量,利于获得高产。

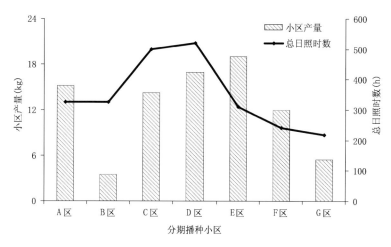

图 7.33 各小区芥蓝产量与总日照时数关系

(4)气象灾害对芥蓝的影响

在芥蓝分期播种试验过程中,遭受了冰雹、渍涝、高温干旱、低温干旱等不同的气象灾害(见表 7.41)。

影响 A 区的主要气象灾害是冰雹和渍涝,此区的芥蓝在 6 叶期遭遇冰雹灾害,有 9% 的植株受害,估计因此次冰雹灾害减产 5%,并且全生育期内雨水太多,造成长势偏弱,影响产量。

表 7.41 芥蓝各播期主要气象灾害影响时段

	A 区	B 区	C 区	D 区	E 区	F 区	G 区
冰雹	大田苗期,茎叶受损,9% 器官受损	无	无	无	无	无	无
渍涝	雨水过多,排水不够	苗期、营养生长期,部分死苗,生长受损,总体预计减产 91% 以上	无	无	无	无	无
干旱	无	无	芥蓝 5 叶 1 心以后,遭遇高温干旱	无	无	无	无
高温	无	无	芥蓝 5 叶 1 心以后,遭遇高温干旱	无	无	无	无
病虫害	无	无	黄曲条跳甲、小菜蛾	无	无	无	无

　　影响 B 区的主要气象灾害是渍涝灾害。此区芥蓝从齐苗到 6 叶 1 心期,由于长时间降水,且田间排水不畅,出现渍涝灾害,造成烂根、生长受阻,导致植株死亡,产量损失较大。

　　影响 C 区的主要气象灾害是高温干旱和病虫害。此区芥蓝 5 叶 1 心以后,遭遇高温干旱,黄曲条跳甲、小菜蛾等病虫害较为严重,影响长势,产量较低。

7.6.4　小结

　　从试验结果分析可知,平均气温对齐苗—抽薹期天数具有显著的负相关性,即平均气温越高,齐苗—抽薹期发育天数越长。芥蓝喜欢温和冷凉的气候,不耐炎热和寒冷。气温在 10～30 ℃之间,芥蓝都可出苗,气温在 19～24 ℃时,芥蓝出苗速度最快;积温和平均气温共同决定芥蓝是否抽薹,芥蓝抽薹所需积温为 573～1 075 ℃·d,气温在 27～29 ℃时,进入抽薹期的时间最短;芥蓝抽薹以后,气温决定菜薹生长得快慢,较为稳定的高温和较为稳定的低温都可促使菜薹快速生长。

　　芥蓝喜湿润,不耐干旱,全生育期内土壤应保持湿润,才能获得高产。采收期在适宜气温条件下,平均每天有 3 mm 的降水,采收期最长可接近 50 d,且产量高。

　　日照长短对芥蓝发育快慢没有明显影响,但生育内日照时数平均每天 3～6 h,利于获得高产。

参 考 文 献

国家气象局 . 1993. 农业气象观测规范(上卷)[M]. 北京:气象出版社.

第 8 章　菊花设施农业气象观测试验

菊花(*Chrysanthemum morifolium*)是中国传统名花和中国四大切花之一,以姿态洒脱、艳丽多姿、色彩绚烂、傲霜斗雪著称于世,深受人们的喜爱,现已成为世界性名花,也是我国出口日本的主要花卉。市场要求生产者能够周年、稳定、批量地提供品质均一的产品,提高产品品质是我国切花菊生产中面临的首要问题。采用棚室生产标准切花菊是实现周年均衡满足国际市场需求的主要措施,而棚室的温光优化调控是提高切花菊产品质量的根本保证。

贵州贵阳国家农业科技园区从 2006 年开始引种栽培切花菊,现已经总结出了一套适合贵阳地区的优质切花菊生产规范化栽培及管理技术。本试验在 2012 年菊花生长季期间,在贵州贵阳国家农业科技园区核心区两个种植大棚内,开展棚室内、外小气候观测,以及不同定植期和不同品种切花菊生长发育动态和外观品质观测,分析气象因子对切花菊生长发育及外观品质的影响,研究切花菊外观品质和光温的定量关系,建立棚室小气候预测模型。研究结果可为棚室切花菊栽培环境管理、设施环境优化调控措施和气象服务提供依据。

8.1　试验材料与方法

8.1.1　试验区概况

试验于 2012 年 4—8 月在贵州贵阳国家农业科技园区核心区两个八连栋菊花种植大棚内进行(见图 8.1),大棚跨度 8 m,长度 30 m,基地周围开设深 0.8 m 的主排水沟,大棚之间开设深 0.4 m 的棚间沟,并与主排水沟相连。设置补光设施,每 10 m 间隔设置 1 盏 110 W 高压钠灯,保障距离地面 0.5 m 测量光强度大于 60 lx。设置硫黄熏蒸系统,每 8 m 间隔设置 1 盏 15 W 定时熏蒸器,保障距离地面 1.8 m 管护熏蒸面积达到 50 m²。

切花菊试验示范园栽培面积 5.7 亩,该场地地势平坦,位于 106°48′E,26°33′N,海拔 986 m,年平均气温 14.6 ℃,年降水量 1 179.8 mm,属亚热带季风湿润气候,适宜菊花生长。

供试切花菊品种为试验用苗规格:高 6 cm,6 片真叶,根系长 2 cm,种植密度为

图 8.1　试验区域全景照

64 株/m²。定植后每天夜间(22:00—02:00)补光 5 h。在株高达 60 cm 到菊花收获期间进行短日处理,每天从 17:00 到第 2 d 的 07:00 用黑色塑料膜遮光(即日照长度为 10 h)。

供试材料为相对短日性(即在花芽分化和发育过程中,较短日长促进花芽创始和花芽分化进程)的夏菊品种"优香"(Youxiang)和"文化旭"(Wenhuaxu)。第 1 批于 3 月 28 日定植,第 2 批于 4 月 26 日定植。"优香"在全生育期使用 3 次赤霉素,第 1 次:揭膜 1 周内使用,浓度为 15 000～20 000 倍(60～50 ppm*);第 2 次:间隔第 1 次喷用 1 周后,浓度为 12 000～15 000 倍(80～60 ppm);第 3 次:停光前 1 周内,浓度为 10 000～12 000 倍(100～80 ppm)。

8.1.2　贵阳市大棚切花菊的栽培技术

(1)定植

根据贵阳地区的温度条件,一般切花菊栽培的最适宜时期为 4—8 月。7—8 月栽培时要采取降温、强制通风等措施。一般选用 3 叶 1 心的苗进行栽培,因 A 级品的出花率随单位面积秆数的增加呈指数下降,因此,为获得较高的经济效益,栽培密度以 12 cm ×12 cm 为好,密度为 33 万株/ hm² 左右,栽后浇定根水,次日浇透水。也可采用裸根苗栽培:采下 6～7 cm 新鲜穗条,基部用生根剂处理(浓度 1 500 倍左右),插入已准备好的栽培地,栽后浇定根水,次日浇透水,加盖地膜,以利于保持土壤温度及湿度,当苗心将地膜顶起时即可揭膜(一般 2 周左右)。

(2)温度管理

春、秋季每天早晨 8:00 开棚,下午 18:00—19:00 关棚;夏季全天开棚;冬季应开棚 2～3 h,一般在中午开棚,到下午 15:00—16:00 关棚。为了不引起开花延迟,营养

---

* 1 ppm＝10^{-6},下同

生长期间的最低温度要设定在 12 ℃,从停光前 3 d 起将温度调高到 20 ℃ 则开花的一致性很好。到出蕾之前要保持在 20 ℃,其后慢慢降至 13 ℃。露色以后提高到 16～17 ℃ 左右时则可提高花的品质,不过根据不同的生育状况和圃场情况低几摄氏度也可以。室内换气扇不仅可缓解夏季高温,在冬季的温室内还可解决室内温度不均匀的问题。

(3)补光处理

某些品种在 8—9 月份栽培时,为使其植株健壮,并在设定时间(10—11 月)开花,必须进行充分的光合作用,否则将会提前开花,因此需要补光。在贵阳地区,温室栽培的采花盛期在 10 月中下旬,如采花期推迟到 11 月上旬,栽培后就要进行补光处理。方法:每 9～10 m² 设 1 盏 75 W 的节能灯(采用温室补光灯更好),距地面 180 cm 左右,光照强度不低于 60 lx,自然日长与补光时间合计在 15 h 以上。从开始补光到植株长到高度达到所需要求时停光,对光很敏感的品种在停光后应避免邻近温室的光线照射进来。

(4)遮光处理

对于在反季节栽培中需在短日照条件下开花的品种,在长日照条件下栽培时,需用短日照诱导才能使其花芽分化,因此需采用遮光处理。一般 18:00—08:00 用不透光的材料(如黑膜等)进行遮光。遮光时间从植株长到 55～60 cm 高时开始,至开始采花时结束。

(5)追肥

菊花吸肥力强,需肥量大,前期以氮、磷、钾肥为主,每周追施浓度为 2‰～3‰ 的复合肥(N:P:K =1:1:1) 1 次,并用 1‰ 的花无缺水溶液进行根外追肥。停光后适当控肥,主要以磷、钾肥为主,停光 1 周后追施浓度为 2‰～3‰ 的复合肥(N:P:K= 15:10:30) 1～2 次,以利于枝条伸长和开大花。

(6)水分管理

要根据土壤的干湿情况和植株的生长情况进行浇水,在植株生育的整个过程中要避免过度干燥及过湿。有些品种生育过度旺盛,有可能延迟开花,所以在中后期要稍稍控制浇水。但又不能过度干燥而使下位叶萎蔫。出蕾后要保持适当湿度,此时要根据小区的土质、排水性能、季节等改变浇水量。另外,夏季第 1 次灌水时要混入液肥,第 2 次及以后可不用混入液肥。

(7)摘除侧蕾

摘除侧蕾主要用于单头菊的生产,目的是使菊花由生殖生长转变为营养生长,使植株生长粗壮,防止植株茎秆脖子弯曲,让其花大色艳。如摘蕾过晚,摘蕾痕迹会很醒目,所以要在侧蕾的花头刚开始伸出时就要尽早摘蕾。特别是高温栽培时,厢面两侧的侧枝很多,要尽早除去。

8.1.3　切花菊生长动态及外观观测

在大棚内选取 5 个点进行观测,要求每个点有 5 个长势比较均匀的植株,观测项目有株高,功能叶的叶长、叶宽、叶片对数。现蕾后每隔一天观测一次,观测项目有株高、花头大小、植株茎粗、开花指数。植株茎粗用游标卡尺测定,测定的位置为第 6 片叶和第 7 片叶的中间位置,叶片伸长达 1 cm 时计入叶片数,记录主要的农事活动和天气状况。采收时用直尺量取每株花头直径。由叶面积＝叶长×叶宽×0.785,可计算出切花菊的叶面积。

(1)生育期划分及观测

试验期间每天观测切花菊发育状况(见图 8.2),并记录各个发育阶段的起始日期。根据切花菊生长发育特性及出口日本的切花菊质量标准,将其全生育期分为 4 个阶段:1)定植到停光;2)停光到现蕾;3)现蕾到透色;4)透色到收获。花蕾直径达到 2 cm、茎粗 6.4 mm 时,即达到收获标准。

(a)定植　　　　　　　　　　　(b)现蕾

(c)透色　　　　　　　　　　　(d)开花

图 8.2　切花菊主要生育期状况

(2)切花菊分级标准等级

[秀]等级

1)茎秆:茎秆挺直,无弯曲,长度 90 cm。

2)头茎:挺直,长度 5 cm 以内。

3)叶片:上部 20 cm 不能掉 1 片叶,有 1～2 片断叶可以;上部 20 cm 抹芽伤口要小;20 cm 以下掉叶不超过 3 片,可以有 2～3 片断叶;无病虫害,无泥土污染。

4)花苞:花苞直径在 2.0 cm 以上,花苞圆整,无畸形,采花标准* 2～3 度。

[优]等级:

1)茎秆:茎秆挺直,无弯曲,长度 75～90 cm。

2)头茎:稍弯,长度 5 cm 以内。

3)叶片:上部 20 cm 可掉 2 片叶,但不能在同侧;上部 20 cm 抹芽伤口要小;20 cm 以下掉叶不超过 5 片,可以有 2～3 片断叶;无病虫害,无泥土污染。

4)花苞:花苞直径在 2.0 cm 以上,花苞圆整,无严重畸形,采花标准 2～3 度。

[良]等级:

1)茎秆:茎秆稍弯曲,长度 75～85 cm。

2)头茎:稍弯,长度 5 cm 以内。

3)叶片:上部 20 cm 可掉 2 片叶,但不能在同侧;上部 20 cm 抹芽伤口要小;20 cm 以下掉叶不超过 5 片,可以有 2～3 片断叶;无病虫害,无泥土污染。

4)花苞:花苞直径在 2.0 cm 以上,花苞圆整,无严重畸形,采花标准 2～3 度。

8.1.4　棚室环境数据观测

温室环境数据由 RR-9310 环境自动监测系统自动采集(见图 8.3),采集大棚内、外空气温、湿度,大棚内、外总辐射,大棚内净辐射,大棚内 0 和 10 cm 土壤温度,大棚外 0,10,20 cm 土壤温度,大棚外风速、风向。采集频率为每 60 s 一次,存储每 10 min 的平均值。太阳辐射乘以转换因子 0.45 转化为光合有效辐射(PAR,波长为 400～700 nm)。

8.2　切花菊设施大棚小气候特征

8.2.1　设施大棚内、外小气候时间变化特征

试验期间切花菊大棚的内、外日平均气温对比结果(见图 8.4a),结果表明,整个试验期间大棚内的日平均气温高于大棚外的日平均气温,平均相差 1.29 ℃,最大相差 3.57 ℃。主要因为试验期间每天 10:00—17:00 都开棚通风降温,因此整体上大

---

* 采花标准:切花的开放程度以开放度指数(或开花指数)表示,切花采收标准型切花菊在花朵初放时采切,即当外轮花瓣开展到与花梗呈垂直状态时,花瓣伸出花萼不足 1 cm,花萼与花蕾比例为 1:2,呈直立状,开放度指数为 1;花瓣伸出花萼 1 cm,花蕾直径为 2 cm,花萼与花蕾比例为 1:1,呈直立状,开放度指数为 2;花瓣伸出花萼 1～1.5 cm,花蕾直径在 2 cm 以上,花萼与花蕾比例为 1:2,呈直立状,开放度指数为 3

图 8.3 棚室内、外环境数据观测

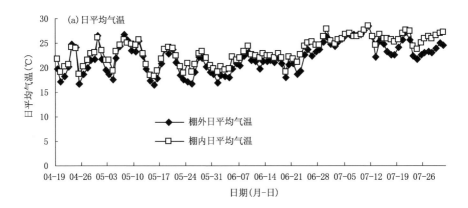

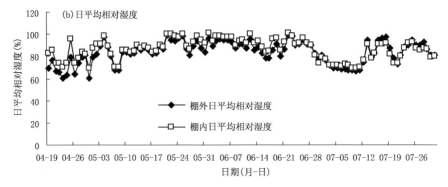

图 8.4 大棚内、外日平均气温及日平均相对湿度比较

棚内、外气温差异不大。由图 8.4b 可知,试验期间大棚内、外日平均相对湿度差异,在整个试验期间大棚内、外的日平均相对湿度平均相差 2.4%,最高相差 15.7%,差异最大出现在 4 月 25 日,4 月份日平均相对湿度差异显著,6 和 7 月份差异不明显,平均相差 1.4%。

大棚内日最高、最低气温与外界差异见图 8.5。由图 8.5 可以看出,大棚保温作用显著,日最低气温棚内、外差异较明显,这主要是夜间塑料大棚内热量来源主要是地面发射的长波辐射,其中一部分被植物反射,一部分则被薄膜反射,使得大棚内增温,同时大棚内的结露作用释放凝结潜热,使得棚内温度高于大棚外温度。大棚的增温主要是靠太阳辐射,晴天大棚的升温明显,内、外差异显著,在接收不到或很少接收到辐射的阴雨天,棚内、外日最高气温相差不大。对比试验期间棚内、外日最高气温,最大相差 10.32 ℃,最小相差 0.06 ℃,平均相差 3.12 ℃。在试验期间棚内、外日最低气温平均相差只有 0.59 ℃。

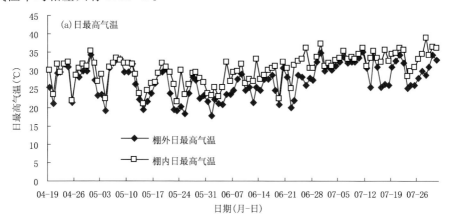

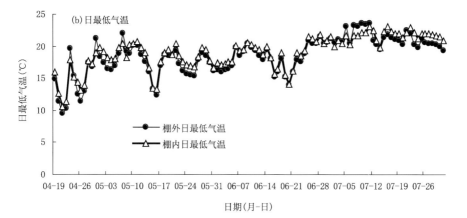

图 8.5　大棚内、外日最高、最低气温比较

试验期间切花菊大棚内、外日总辐射对比结果见图 8.6。试验期间大棚外的日总辐射高于大棚内的日总辐射,平均相差 3.41 MJ/m²,最大相差 8.60 MJ/m²。棚内和棚外的日总辐射在整个试验期内具有相同的变化规律,由于聚乙烯膜(PE 膜)对辐射的削弱作用,因此棚内日总辐射值整体上略小于棚外。

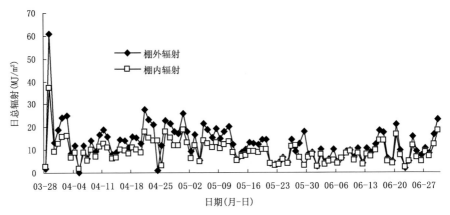

图 8.6　大棚内、外日总辐射比较

8.2.2　设施大棚内、外不同年份小气候差异

对同一大棚 2009 年 4 月 20 日—6 月 30 日的观测资料和 2012 年 4 月 20 日—6 月 30 日大棚内、外温度的差异进行比较(见表 8.1 和表 8.2),可以看出,此切花菊大棚内气温日较差、棚外日最高温度、棚外日最低温度在 2009 年 4 月 20 日—5 月 30 日都比 2012 年 4 月 20 日—5 月 30 日的值高。而 2009 年 6 月份棚外日最低温度比 2012 年 6 月份棚外日最低温度整体偏低。从表中还可以看出,2009 年和 2012 年所选的时段棚内、外日最低温度相差都不大。2012 年棚内、外日最高气温的差整体小于 2009 年棚内、外最高气温的差。

表 8.1　2009 年 4 月 20 日—6 月 30 日切花菊 2 号棚内、外温度比较　　　　单位:℃

日期	4 月 20 日	4 月 21 日	4 月 22 日	4 月 23 日	4 月 24 日	4 月 25 日	4 月 26 日
天气	晴	多云	阴	雨转阴	阴	阴	中雨转阴
棚外温度	16~34	18~32	24~27	21~24	21~26	23~28	23~26
棚内温度	16~43	18~39	24~30	21~27	21~29	23~30	23~28
日期	4 月 27 日	4 月 28 日	4 月 29 日	4 月 30 日	5 月 1 日	5 月 2 日	5 月 3 日
天气	阴	晴	多云	晴	多云	多云	多云
棚外温度	19~27	24~32	25~31	24~34	21~30	20~34	19~34
棚内温度	19~32	24~40	25~40	24~43	21~40	20~42	20~40

续表

日期	5 月 4 日	5 月 5 日	5 月 6 日	5 月 7 日	5 月 8 日	5 月 9 日	5 月 10 日
天气	多云转阴	多云	多云转阴	多云	阴转多云	多云	阴转多云
棚外温度	19～31	22～33	24～31	21～31	22～33	22～36	23～34
棚内温度	19～39	22～41	24～39	21～40	22～39	22～42	23～41
日期	5 月 11 日	5 月 12 日	5 月 13 日	5 月 14 日	5 月 15 日	5 月 16 日	5 月 17 日
天气	多云	阴	暴雨转阴	阴转雨	阴转雨	阴转雨	多云
棚外温度	24～33	23～30	22～27	23～26	23～28	22～26	21～31
棚内温度	24～42	23～35	22～31	23～28	23～30	22～29	21～37
日期	5 月 18 日	5 月 19 日	5 月 20 日	5 月 21 日	5 月 22 日	5 月 23 日	5 月 24 日
天气	晴	晴	晴	多云	晴	多云	多云转阵雨
棚外温度	23～36	22～37	22～36	23～36	23～37.5	24～31	23～33
棚内温度	23～41	22～42	22～40	23～41	23～44	24～37	23～38
日期	5 月 25 日	5 月 26 日	5 月 27 日	5 月 28 日	5 月 29 日	5 月 30 日	5 月 31 日
天气	阴转多云	阴	阴转阵雨转多云	阴转多云	阴	阴转多云	阴转雨
棚外温度	23～30	24～28	23～32	22～32	22～27	23～28	23～31
棚内温度	23～36	24～31	23～37	22～38	22～30	23～31	23～36
日期	6 月 1 日	6 月 2 日	6 月 3 日	6 月 4 日	6 月 5 日	6 月 6 日	6 月 7 日
天气	晴	晴	多云	多云	晴	晴	多云
棚外温度	12～31	13～32	13～35	12～35	12～30	13～25	13～27
棚内温度	12～37	13～37	13～38	13～36	12～35	13～36	14～33
日期	6 月 8 日	6 月 9 日	6 月 10 日	6 月 11 日	6 月 12 日	6 月 13 日	6 月 14 日
天气	中雨	多云	多云	阴	晴	晴	阴转晴
棚外温度	11～20	12～25	13～27	12～26	14～32	15～30	14～30
棚内温度	11～22	12～32	13～33	12～33	14～36	15～37	14～36
日期	6 月 15 日	6 月 16 日	6 月 17 日	6 月 18 日	6 月 19 日	6 月 20 日	6 月 21 日
天气	多云转晴	晴	晴	阴	大雨转晴	晴	晴
棚外温度	15～30	14～30	15～31	15～32	15～31	17～29	16～33
棚内温度	15～37	14～36	17～36	16～35	16～37	19～38	17～38
日期	6 月 22 日	6 月 23 日	6 月 24 日	6 月 25 日	6 月 26 日	6 月 27 日	6 月 28 日
天气	阴	多云转晴	阴	中雨转晴	晴	晴	晴
棚外温度	18～30	17～30	15～30	17～31	18～32	18～32	17～30
棚内温度	18～36	17～38	16～39	18～38	19～40	18～38	18～40
日期	6 月 29 日	6 月 30 日					
天气	晴	阴					
棚外温度	18～31	20～31					
棚内温度	18～38	21～39					

表 8.2　2012 年 4 月 20 日—6 月 30 日切花菊 2 号棚内、外温度比较　　单位：℃

日期	4 月 20 日	4 月 21 日	4 月 22 日	4 月 23 日	4 月 24 日	4 月 25 日	4 月 26 日
棚外温度	11～21	9～29	10～29	19～32	15～30	12～21	11～29
棚内温度	13～23.5	11～32	11～30	18～32	15～32	14～22	13～29
日期	4 月 27 日	4 月 28 日	4 月 29 日	4 月 30 日	5 月 1 日	5 月 2 日	5 月 3 日
棚外温度	13～28	17～30	16～30	21～34	18～27	17～23	16～23
棚内温度	14～30.5	18～32	17～31	19～30.5	20～32	19～27	18～29
日期	5 月 4 日	5 月 5 日	5 月 6 日	5 月 7 日	5 月 8 日	5 月 9 日	5 月 10 日
棚外温度	16～19	16～30	19～32	22～32	19～33	19～30	20～29
棚内温度	18～22	18～31	20～32	20～33	18～33	20～32	20～32
日期	5 月 11 日	5 月 12 日	5 月 13 日	5 月 14 日	5 月 15 日	5 月 16 日	5 月 17 日
棚外温度	20～32	18～26	18～22	16～19	13～21	12～24	16～26
棚内温度	20～32	20～29	19～24	17～21	13～25	13～26.5	17.5～27
日期	5 月 18 日	5 月 19 日	5 月 20 日	5 月 21 日	5 月 22 日	5 月 23 日	5 月 24 日
棚外温度	19～29	18～30	18～30	19～23	17～19	16～19	15～20
棚内温度	19～29	19～32	19～31	20～29	18.5～26	17.5～21	17～30
日期	5 月 25 日	5 月 26 日	5 月 27 日	5 月 28 日	5 月 29 日	5 月 30 日	5 月 31 日
棚外温度	15～18	15～24	18～28	19～27	18～22	17～23	16～21
棚内温度	17～23.5	17～26	18～29	20～29.5	19～28	18～27	16.5～24
日期	6 月 1 日	6 月 2 日	6 月 3 日	6 月 4 日	6 月 5 日	6 月 6 日	6 月 7 日
棚外温度	16～18	16～22	16～21	16～20	17～23	20～23	18～24
棚内温度	17～23	17～25	17～23	17～25	18～32	20～27	19～30
日期	6 月 8 日	6 月 9 日	6 月 10 日	6 月 11 日	6 月 12 日	6 月 13 日	6 月 14 日
棚外温度	19～27	20～29	20～24	19～25	18～21	18～25	19～24
棚内温度	19～30	20～32	20～26.5	20～28	19～27	19～33	20～27
日期	6 月 15 日	6 月 16 日	6 月 17 日	6 月 18 日	6 月 19 日	6 月 20 日	6 月 21 日
棚外温度	18～28	15～28	16～29	18～24	15～20	14～31	16～28
棚内温度	18～29	15.5～30	16.5～31	19～31	15～22	14～32	16～30
日期	6 月 22 日	6 月 23 日	6 月 24 日	6 月 25 日	6 月 26 日	6 月 27 日	6 月 28 日
棚外温度	18～20	18～22	19～29	21～28	20～26	20～28	21～27
棚内温度	19～25	18.5～31	19～33	21～33	21～36	21～30.5	22～31
日期	6 月 29 日	6 月 30 日					
棚外温度	20～32	20～35					
棚内温度	20～34	21～37					

8.2.3　不同天气条件下大棚内小气候日变化特征

切花菊从定植到采收,经历了从春到夏的季节转变,下面选取晴天(2012 年 6 月 27 日)、阴天(2012 年 6 月 3 日),分析不同天气条件下棚内、外环境的日变化特征。

(1)太阳总辐射

从图 8.7 可以看出,大棚内太阳总辐射晴天>阴天,由于聚乙烯膜(PE 膜)透光率受太阳高度角影响,大棚内太阳总辐射日变化规律同对应时期棚外太阳总辐射日变化规律基本一致,均表现为日出后先增大,晴天太阳总辐射正午达到峰值,而阴天太阳总辐射最大值在 14:00 左右,然后逐渐减小至日落。由于 PE 膜对太阳总辐射的削弱作用,棚内太阳总辐射在整个白天均小于棚外。

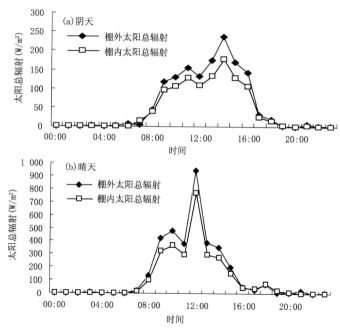

图 8.7　两种天气条件下、棚内、外太阳总辐射日变化特征

(2)气温

由图 8.8 可以看出,棚内气温在全天均大于棚外气温,其日变化规律同棚外相似,凌晨日出前最小,日出后先增大后减小,但其峰值出现的时间要早于棚外。棚外气温的最高值出现在 14:00 左右,而棚内气温的峰值出现在 13:00 左右,较棚外提前一个小时,与太阳辐射的峰值出现时间比较接近。这同崔建云等(2006)、魏瑞江等(2001)和仲光嵬等(2011)的结论一致。棚内、外之间的气温差也存在日变化。夜间,气温差较为稳定;日出后,气温差逐渐增大,13:00 左右出现峰值;后由于棚外气温峰

值的出现及棚内气温的减小,气温差逐渐减小,至日落后基本稳定。

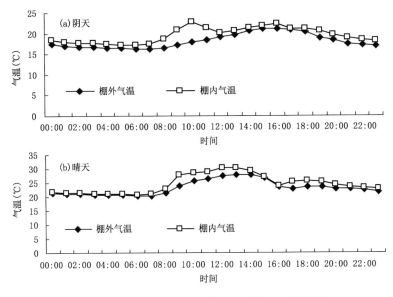

图 8.8　两种天气条件下大棚内、外气温日变化特征

(3)相对湿度

从图 8.9 可以看出,不论晴天还是阴天棚内相对湿度的日变化规律均与棚外相似,凌晨日出前有最大值,但其谷值出现的时间要比室外提前。棚外相对湿度的最低值出现在 14:00 左右,而棚内则出现在 13:00 左右,与棚内气温峰值发生时间较为一致。夜晚棚内、外相对湿度的差距在 19:00 左右最大,其后逐渐减小至日出前。由图 8.9 可知,相对湿度的变化主要集中在白天 8:00—18:00 的时段内,夜间相对湿度基本无变化,为 100%,白天,棚内的相对湿度略大于棚外。阴天时大棚内、外湿度变化曲线比较平缓,没有明显的谷值。而在晴天大棚内、外湿度变化有明显的谷值,一天之中最小空气相对湿度出现在 13:00—14:00。阴天全天大棚内空气相对湿度明显高于棚外,主要因为阴天大棚相对密闭,通风少。整体上,阴天棚内相对湿度较大,晴天比较小,阴天的日变化比较平缓,晴天相对湿度日变化比较激烈,这主要受不同天气状况下棚内太阳辐射和气温的波动状况影响。

(4)地温

本次试验中在切花菊的大棚外面安装了 3 个温度探头,分别测量切花菊大棚外 0,10,20 cm 的土壤温度;在切花菊的大棚内安装了 2 个温度探头,分别测量大棚内 0 和 10 cm 的土壤温度。由图 8.10 可知,不论晴天还是阴天棚内土壤表层(0 cm)温度波动变化都比较平缓,阴天棚外土壤表层温度波动变化最剧烈。

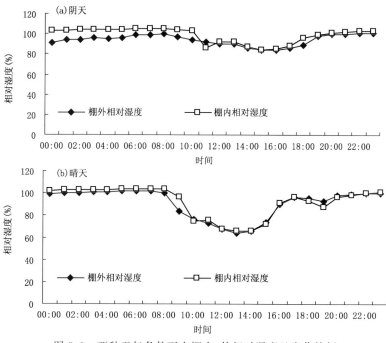

图 8.9　两种天气条件下大棚内、外相对湿度日变化特征

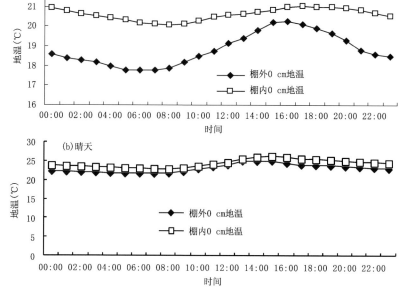

图 8.10　两种天气条件下大棚内、外土壤表层(0 cm)温度日变化特征

8.3 大棚切花菊适宜气候条件分析

切花菊"优香"是一个夏菊品种,自然花期在 7 月下旬,通过电灯照、遮光等栽培措施可使其在 7—9 月开花。"优香"花为白色,由于其花头大、花型正、花期持久、茎秆挺拔、叶片平展、抗病性强、耐运输等特点,受到越来越多国内外销售商的青睐。目前关于贵阳地区大棚切花菊外观形态及生育期与气象条件关系的研究还比较少。

8.3.1 切花菊植株生长与气象条件的关系

定株观测 1、定株观测 2、定株观测 3 和定株观测 4 是在大棚内不同方位通风口处所选的 4 个点(见图 8.11)。大棚四周有边窗和天窗,定株观测 5 在大棚中间,只有大棚天窗打开时方可通风。为了研究大棚不同方位切花菊生长状况是否存在差异以判断棚内气象要素分布的均匀性,对定株观测 1~5 的切花菊平均株高、叶面积、叶片对数等与大棚内整体样本的株高、叶面积、叶片对数等的均值做差异性检验,看各个点的切花菊的生长状况是否存在显著差异。从表 8.3 中可知,p 值分别为 0.629,0.070,0.997,0.438,0.195,0.438,均大于 0.05,因此原假设成立,即定株观测 1~5 的切花菊的株高增长与棚内整体株高相比没有显著差异,据此可推断棚内气象要素是均匀的,因此用所有观测样本的平均值来进行下面的研究。

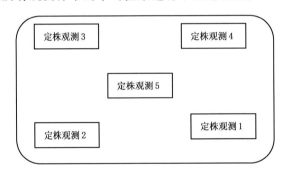

图 8.11 定株观测方位选点示意图

表 8.3 不同定株观测点切花菊外观及生育期的差异性检验

	t 值	df(自由度)	Sig(双侧)
株高	−0.522	4	0.629
叶片对数	−2.449	4	0.070
叶面积	0.004	4	0.997
茎粗	0.860	4	0.438
现蕾日期	−1.554	4	0.195
花头大小	−0.860	4	0.438

（1）株高、叶面积增长规律

从图 8.12 可以看出，切花菊"优香"株高的增长规律是定植之后先迅速增长，现蕾之后增长速度变得缓慢，基本上趋于平缓，株高的增长规律基本上符合 Logistic 方程。而叶面积随时间的增长符合线性规律（见图 8.13）。

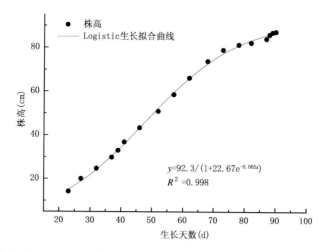

图 8.12　2012 年 4 月 19 日—6 月 26 日切花菊"优香"株高增长规律

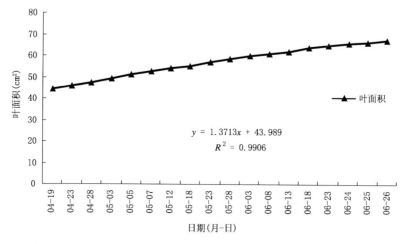

图 8.13　2012 年 4 月 19 日—6 月 26 日切花菊"优香"叶面积增长规律

（2）株高增长与棚内平均气温、平均地温的关系

株高增长量和棚内日平均气温、棚内表层土壤平均温度有一定的关系，从图 8.14 可以看出，切花菊从定植后稳定生长，总体而言，株高的增长量先是稳定增加，后减小，等到现蕾之后株高增长量减小迅速，停光（5 月 28 日）前一周增幅最大。6 月

6 日之前株高增长量与棚内平均气温、棚内表层土壤平均温度具有一定的正相关关系。

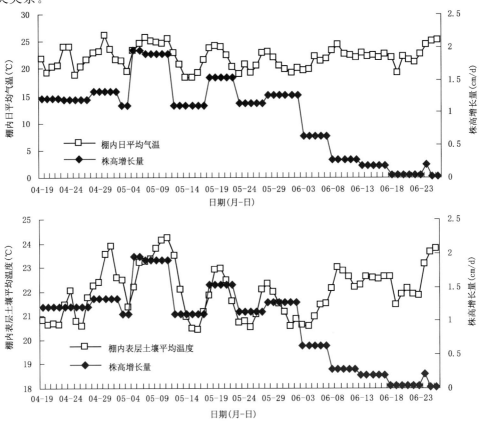

图 8.14　2012 年 4 月 19 日—6 月 26 日株高增长量与气温、地温的变化图

(3)叶面积增长与棚内平均气温和地温的关系

叶面积增长量和棚内日平均气温、棚内表层土壤平均温度有一定的关系。从图 8.15 可以看出,切花菊叶面积增长量从定植后,总体上是减小的,并且在现蕾前叶面积增长量与棚内日平均气温呈正相关关系。停光(5 月 28 日)前一周,叶面积增长量有所增加,停光后叶面积增长量稳定减小。停光前叶面积增长量与棚内日平均气温和棚内表层土壤平均温度呈正相关。

(4)切花菊"优香"生长发育各个阶段所需积温

植物各个生长阶段不仅要求临界温度的出现,还需要达到发育的准备程度,即前一生命阶段完成后,才会引起某发育阶段的到来。植物不仅要求一定的温度强度,而且要满足一定的积温才能完成其生育周期。植物的各个生育期都有一定的积温要

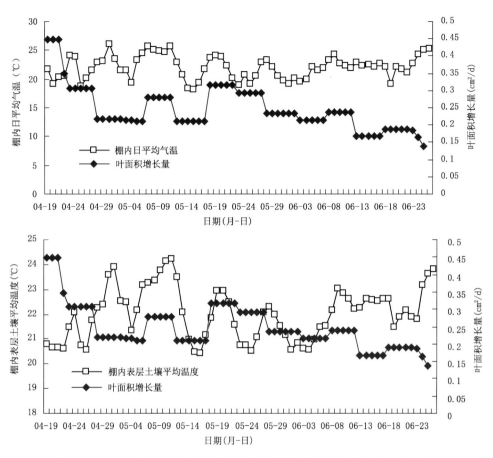

图 8.15　2012 年 4 月 19 日—6 月 26 日叶面积增长量与气温、地温的变化图

求,只有满足了积温要求下一生长阶段才会出现。根据观测的试验数据计算切花菊"优香"各个生长发育阶段所需≥10 ℃活动积温分别为:定植期到停光期为 1 280.6 ℃·d,停光期到现蕾期为 184.65 ℃·d,现蕾期到露色期为 333.87 ℃·d,露色期到采收期为 142.83 ℃·d。

从表 8.4 可以看出,相同栽培措施下不同定植期相同品种的切花菊,完成整个生育期所需的天数相差不大,而相同定植期不同品种的切花菊完成整个生育期所需天数不同。从表 8.5 可以看出,切花菊品种"文化旭"采收时株高、茎粗、花头大小均大于切花菊"优香",采收时的叶片对数也多于相同定植期的切花菊品种"优香"。在试验期内,同一品种的切花菊随着定植期的延迟,切花菊株高增加,叶片数略有减少,茎粗略有增加,花头大小略有增加。3 月 28 日和 4 月 26 日定植的切花菊品种"优香"在相应的栽培措施下按照切花菊分级标准都达到了优的等级。

表 8.4　切花菊完成各个发育阶段所需要的天数

品种	定植日期（月-日）	停光日期（月-日）	现蕾日期（月-日）	露色日期（月-日）	采收日期（月-日）	定植—停光间隔日数（d）	停光—现蕾间隔日数（d）	现蕾—露色间隔日数（d）	露色—采收间隔日数（d）	完成整个生育期天数（d）
2 号棚"优香"	03-28	05-28	06-06	06-21	06-28	61	9	15	7	90
5 号棚"优香"	04-26	06-23	07-02	07-16	07-23	58	9	14	7	84
5 号棚"文化旭"	04-26	06-18	07-08	07-31	08-09	53	20	23	9	102

表 8.5　不同定植期不同品种切花菊品质差异

品种	定植日期（月-日）	采收时株高（cm）	采收时茎粗（cm）	采收时花头大小（cm）	采收时叶片对数（对）
优香	03-28	82	0.63	1.5	21.5
	04-26	84	0.65	1.6	21
文化旭	04-26	99.1	0.73	1.65	24

8.3.2　光温对切花菊品质定量分析

（1）辐热积与累积辐热积的计算

菊花是典型的短日照植物。菊花的短日性又分为相对短日性和绝对短日性。相对短日性菊花的花芽分化可以在任何日照长度下发生，在长日照下开花延迟。绝对短日性菊花只有当日照长度短于其所需的临界值时，花芽才能分化。温室切花菊生产过程中，光照长度完全由人工进行补光或遮光来控制，即在生长前期（花芽分化前）通过补光保证每天光照长度大于开花所需的临界光照时间 13.5 h，当植株达到一定高度（60 cm）后，采用遮光保证每天维持开花所需的最适宜光照时间，以使植株能及时花芽分化和按时开花。在光照长度完全由人工控制的温室菊花生产中，菊花发育速率主要由温度热效应、光合有效辐射和光周期效应共同决定。因此，采用累积辐热积（accumulated product of thermal effectiveness and PAR，TEP）作为预测切花菊发育速率的指标。切花菊不同发育时期的累积辐热积（TEP）公式如下：

$$TEP = \sum_{i=m}^{n} DTEP(i) \tag{8.1}$$

其中日辐热积计算公式为：

$$DTEP(i) = \left[\sum_{j=0}^{24} RTE(i,j)/24 \right] \times PAR(i) \tag{8.2}$$

式中：TEP 为菊花从第 m 天到第 n 天的累积辐热积（MJ/m²）；DTEP(i) 为第 i 天辐

热积（MJ/m²）；$PAR(i)$ 为第 i 天总光合有效辐射[MJ/(m² · d)]；$RTE(i,j)$ 为第 i 天内第 j 小时的相对热效应。相对热效应（relative temperature effective，RTE）定义为作物在实际温度条件下生长一天相当于在最适温度条件下生长一天的比例。可以根据菊花发育所需的三基点温度和实际棚室内气温观测数据来计算。其具体计算公式为：

$$RTE(T) = \begin{cases} 0 & (T < T_b) \\ (T - T_b)/(T_{ob} - T_b) & (T_b \leqslant T < T_{ob}) \\ 1 & (T_{ob} \leqslant T \leqslant T_{ou}) \\ (T_m - T)/(T_m - T_{ou}) & (T_{ou} < T \leqslant T_m) \\ 0 & (T > T_m) \end{cases} \quad (8.3)$$

式中：T 为各小时内的平均温度；$RTE(T)$ 为温度为 T 时的相对热效应；T_b 和 T_m 分别为生长下限温度和上限温度；T_{ob} 和 T_{ou} 分别为生长的最适下限温度和最适上限温度。切花菊各生育时期的三基点温度见表 8.6。

表 8.6　切花菊各生育期的三基点温度　　　　　　　　　　单位：℃

生育期		下限温度	最适下限温度	最适上限温度	上限温度
定植—短日	白天	10	18	25	32
处理	夜间	10	20	25	35
短日处理—	白天	10	16	20	30
现蕾	夜间	10	16	20	28
现蕾—收获	白天	10	18	23	32
	夜间	10	18	25	35

（2）光温对切花菊生育期的影响

1）试验期间棚内光合有效辐射的变化

由图 8.16 可知试验期间光合有效辐射的变化情况，从定植到 4 月初光合有效辐射降低，主要是由于定植当天就覆盖了遮阳网，现蕾前后和露色前后棚内的光合有效辐射出现高峰。

2）试验期间棚内的温差

本试验中的温差（temperature difference，DIF）定义为白天与夜间平均温度之差，即日出—日落与日落—日出时段的平均温度之差。白天和夜间的平均温度根据数据采集器记录的温室空气温度计算。

由图 8.17 可知，试验期间棚内温差 6 月之前较大，5 月 14 日—6 月 24 日较小，6 月 15 日后温差又出现峰值。6 月 21 日温差最大，高达 7.9 ℃。已经有研究表明，切花菊株高随温差增大而线性增加。

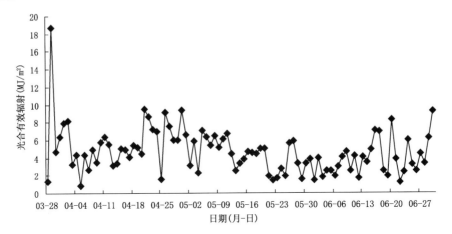

图 8.16 试验期间棚内光合有效辐射的变化

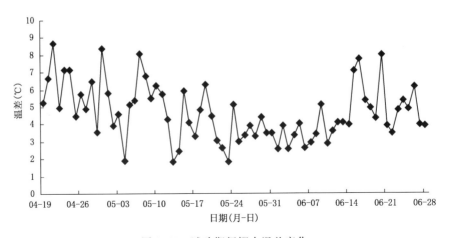

图 8.17 试验期间棚内温差变化

3)切花菊"优香"各个生育期的累积辐热积

利用公式(8.1)和日辐射资料计算出切花菊自定植(3 月 28 日)至 4 月 19 日、5 月 4—21 日的棚内日辐射值,利用公式(8.1)至公式(8.3)计算出切花菊"优香"各生育期的累积辐热积。试验观测的切花菊"优香"在整个发育阶段所需要的累积辐热积为 328.86 MJ/m², 从定植到停光阶段所需的累积辐热积为 238.24 MJ/m², 停光到现蕾期所需的累积辐热积为 20.29 MJ/m², 现蕾到露色期所需的累积辐热积为 49.78 MJ/m², 露色到采收期所需的累积辐热积为 20.55 MJ/m²(见图 8.18)。

切花菊"优香"在定植到停光阶段所需的累积辐热积最大,其次是现蕾到露色期,再次是露色到采收期,停光到现蕾期所需的累积辐热积最小。

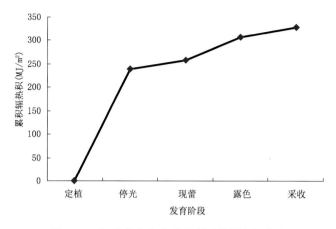

图 8.18　切花菊各发育阶段所需的累积辐热积

4）切花菊"优香"各发育阶段累积温差变化

切花菊从定植到停光阶段所需的累积温差为 366.9 ℃，停光到现蕾期所需的累积温差为 33.9 ℃，现蕾到露色期所需的累积温差为 67.4 ℃，露色到采收期所需的累积温差为 36.5 ℃。由图 8.19 可知，切花菊"优香"从定植到停光期所需的累积温差最大，现蕾到露色期所需的累积温差其次，再次是露色到采收期所需的累积温差，停光到现蕾期所需的累积温差最小。

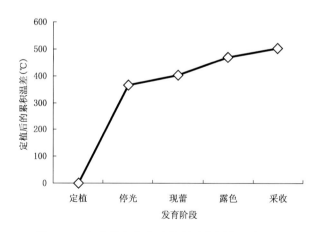

图 8.19　切花菊各发育阶段所需的累积昼夜温差

（3）切花菊品质与累积辐热积的定量关系

1）株高与累积辐热积的定量关系

为了减少初始株高对结果的影响，所测实际株高减去初始株高，得净增株高，其与累积辐热积的关系见图 8.20。

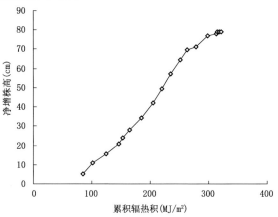

图 8.20　净增株高与累积辐热积的关系

由图 8.20 可见,植株的净增株高与累积辐热积之间的关系符合"S"形曲线,控制株高的最适时期在 30～80 cm,这期间辐热积对株高影响较大。

2)叶面积与累积辐热积的定量关系

叶面积既是切花菊重要的外观品质指标,又是植株进行光合作用的器官面积,每一次测量结果减去初始叶面积得到净增叶面积(NPA),其与累积辐热积(TEP)的关系见图 8.21。由图 8.21 可见,切花菊的净增叶面积与累积辐热积符合线性关系:

$$NPA = 0.0931TEP - 3.923, \quad R^2 = 0.996 \tag{8.4}$$

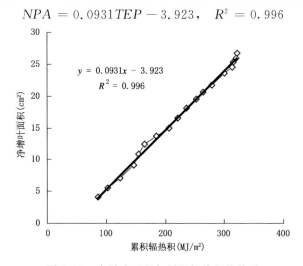

图 8.21　净增叶面积与累积辐热积的关系

由公式(8.4)可以推算出,叶面积每增加 1 cm² ,大概需要辐热积 52.88 MJ/m²。

据此,可以通过调节光温来控制植株叶面积,从而对植株的光合作用产生影响,进而影响植株的品质。

3)植株茎直径与累积辐热积的定量关系

茎直径是切花菊分级的指标之一。为了减少误差,每一次测量的结果都减去初始直径得到净增直径(NPD),其与累积辐热积(TEP)的关系见图 8.22。由图 8.22 可见切花菊茎直径增长量与累积辐热积服从线性关系:

$$NPD = 0.001TEP + 0.0427, \quad R^2 = 0.9787 \tag{8.5}$$

由公式(8.5)可以推算出植株茎直径每增加 0.1 cm,大约需要累积辐热积 57.3 MJ/m² 。据此,根据生产所需要达到的植株茎直径,可以通过控制光温来控制植株的直径,从而控制达到规定植株茎直径所需要的时间。如生产上需要植株茎直径达到 0.65 cm,初始植株茎直径为 0.25 cm,增加 0.4 cm 所需累积辐热积大概为 229.2 MJ/m² ,假如日平均热效应为 0.7,日总光合有效辐射为 4 MJ/m² ,那么植株达到所需茎直径所需天数约为 82 d。

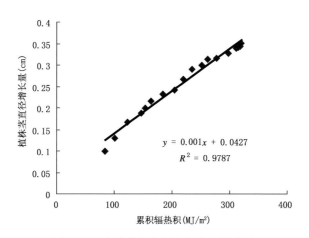

图 8.22　净增直径与累积辐热积的关系

4)植株净增叶片数与累积辐热积的定量关系

用测量时的叶片数减去初始叶片数得到净增叶片数。净增叶片数(NLI)与累积辐热积(TEP)的关系见图 8.23。由图 8.23 可见,净增叶片数与累积辐热积服从线性关系:

$$NLI = 0.0733TEP - 7.3684, \quad R^2 = 0.9851 \tag{8.6}$$

由公式(8.6)可以看出,净增叶片数和累积辐热积呈正比,据此通过控制光温条件可以控制净增叶片数,可以在一定范围内控制叶片数及叶片的疏密程度。

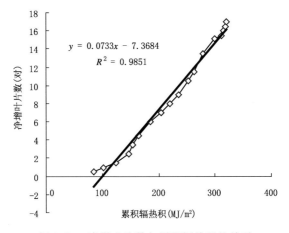

图 8.23　净增叶片数与累积辐热积的关系

8.4　切花菊大棚小气候模拟

8.4.1　设施大棚小气候统计方法

从切花菊小气候分析可以看出,在不同天气状况下,大棚内外环境之间均具有直接或间接的关系,尤其在日变化规律上,因此,可以基于室外已知的天气条件,来预测大棚内小气候环境的定量变化,有利于做好棚室气象灾害和病害的预防工作,这一过程本节中采用线性回归模型来实现。

多元线性回归是研究一个因变量(预报对象)与多个自变量(预报因子)关系的方法,是反映一种现象或事物的数量依多种现象或事物的数量的变动而相应地变动的规律,从而建立多个变量之间线性数学模型数量关系式的统计方法。其基本形式如公式(8.7):

$$y = a_1 x_1 + a_2 x_2 + a_3 x_3 + \cdots + a_n x_n + \varepsilon \tag{8.7}$$

式中:y 为因变量;x_i 为多个自变量;a_i 为回归系数;ε 为模型误差。

判断模型的优劣采用检验模型常用的统计方法,即回归估计标准误差(RMSE)、相对误差(RE)及绝对误差(AE),来对模拟值与实测值之间的符合度进行分析。计算公式分别为:

$$RMSE = \sqrt{\frac{\sum_{i=1}^{n}(SIM_i - OBS_i)^2}{n}} \tag{8.8}$$

$$RE = \frac{\sum_{i=1}^{n}\left|(SIM_i - OBS_i)/OBS_i \times 100\% B\right|}{n} \tag{8.9}$$

$$AE = \frac{\sum_{i=1}^{n} \left| SIM_i - OBS_i \right|}{n} \qquad (8.10)$$

式中:OBS_i 为实测值,是指实测的大棚内空气温、湿度;SIM_i 为模拟值,是指模拟的大棚内空气温、湿度;n 为样本容量。RMSE 值越小,RE 值越小,AE 值越小,则模拟值与实测值之间的偏差越小,模型的预测精度越高。

8.4.2　棚室内、外小时尺度小气候模拟

(1)小时尺度气象要素相关性分析

常规气象要素中气温、湿度和地温是衡量棚室环境是否利于作物良好生长的重要指标,因此,开展这些要素的模拟和预测对于棚室管理和调控十分必要。大棚外气象因子对大棚内气温有着直接或者间接的影响。在白天,太阳辐射以短波透过覆盖薄膜照进大棚,入射的太阳辐射在接触到各种表面时转化为热能,这些热能又通过对流、长波辐射等方式散布到大棚空气中。夜间,存储在土壤中的热量以长波辐射形式向四周散发,补充大棚所散失的热量,使得大棚内气温高于棚外气温。下面基于2012 年 5 月 22 日—6 月 30 日大棚内、外气象要素资料分析室内温湿因子与室外气象要素的相关关系。所选时段内大棚内、外气象因子描述性统计量见表 8.7。

表 8.7　大棚内、外气象因子描述性统计量

	均值	标准差	样本数
棚外气温(℃)	20.62	3.47	960
棚外相对湿度(%)	89.76	13.31	960
棚内气温(℃)	22.14	4.00	960
棚内相对湿度(%)	93.41	14.03	960
棚外太阳总辐射(W/m²)	73.38	299.66	960
棚内太阳总辐射(W/m²)	85.72	144.25	960
棚外表层地温(℃)	20.93	2.20	960
棚内表层地温(℃)	22.19	1.55	960
棚外风速(m/s)	0.18	0.33	960

利用大棚内、外逐小时的资料来进行相关分析(见表 8.8),发现棚内气温与棚外相对湿度呈负相关,与棚外气温、棚外太阳总辐射、棚外地温呈正相关,并且相关系数均通过了 0.01 的显著性水平检验。棚内气温与直接反映夜间天气状况的棚外地温和棚外气温相关性最好。棚内相对湿度与棚外相对湿度呈正相关,与棚外气温、棚外太阳总辐射、棚外地温呈负相关,且相关系数均通过了 0.01 的显著性水平检验。棚内相对湿度与棚外相对湿度相关性最好,其次是棚外气温,与棚外地温和棚外太阳总辐射的相关性相对较低。棚内地温同棚内气温相似,与棚外相对湿度呈负相关,与棚

外气温、棚外太阳总辐射、棚外地温呈正相关,其相关系数均通过了 0.01 的显著性水平检验。棚内地温与棚外地温的相关性最显著,其次是棚外气温,而与棚外太阳总辐射相关性最低。棚内太阳总辐射与棚外相对湿度呈负相关关系,与棚外气温、棚外太阳总辐射、棚外地温均呈正相关关系,与棚外太阳总辐射的相关性最显著,其次是棚外气温,而与棚外地温的相关性最低。

表 8.8　棚内气温、相对湿度、太阳总辐射、地温与棚外气象要素的相关系数

	棚外气温	棚外相对湿度	棚外太阳总辐射	棚外地温
棚内气温	0.893**	−0.781**	0.593**	0.788**
棚内相对湿度	−0.820**	0.931**	−0.593**	−0.718**
棚内地温	0.788**	−0.619**	0.204**	0.894**
棚内太阳总辐射	0.608**	−0.677**	0.781**	0.483**

注:** 表示通过了 0.01 的显著性水平检验

(2)小时尺度棚室气象要素模型建立

将 2012 年 5 月 22 日—6 月 22 日作为模拟时段,2012 年 6 月 23—30 日作为验证时段,基于时间尺度为小时的棚外气温、相对湿度、太阳总辐射、土壤表层温度资料,用 SPSS 18.0 利用逐步回归的方法开展棚内气温、相对湿度和地温的模拟及预测研究。模拟时段的样本数为 768 个,用于预测检验的样本数为 192 个。

基于时间尺度为小时的资料,利用逐步回归方法建立了估算棚内气温、相对湿度和地温的统计模型,如下:

$$t_{in} = 5.293 + 1.231 t_{out} + 0.001 r_{out} - 0.419 td_{out}, R^2 = 0.818 \qquad (8.11)$$

$$rh_{in} = 30.680 - 0.362 t_{out} + 0.825 rh_{out} - 0.003 r_{out} - 0.148 td_{out}, R^2 = 0.875$$
$$(8.12)$$

$$td_{in} = 10.784 - 0.114 t_{out} + 0.666 td_{out}, R^2 = 0.812 \qquad (8.13)$$

式中:t_{in},rh_{in},td_{in} 分别为棚内气温(℃)、棚内相对湿度(%)、棚内表层地温(℃);t_{out},rh_{out},r_{out},td_{out} 分别为棚外气温(℃)、棚外相对湿度(%)、棚外太阳总辐射(W/m²)、棚外地温(℃)。

从 2012 年 5 月 22 日—6 月 22 日的各要素模拟与实测值对比(见图 8.24、图 8.25 和图 8.26)可知,棚内气温、相对湿度、地温模拟值与实测值基本上比较接近。对于棚内气温的模拟稍微偏小,模拟值最大的是 5 月 28 日,模拟值比实测值高 3.07 ℃。对于棚内相对湿度的模拟稍微偏大,并且能够较准确地反映其随时间的变化规律。对于棚内表层地温的模拟值也是偏大,数据点落在 1:1 线上方的多一些。运用公式(8.11)、(8.12)、(8.13)计算模拟的棚内气温、相对湿度、表层地温的相对误差(RE)分别为 4.53%,3.64%,2.23%;回归估计标准误差(RMSE)分别为 1.50 ℃,

4.53%,0.618 ℃;绝对误差(AE)分别为 1.01 ℃,3.24%,0.480 ℃(见表 8.9)。

(3)模型预测验证

用 2012 年 6 月 23—30 日小时尺度资料对逐步回归估算模型进行预测验证。从逐步回归的预测结果可以看出,预测大棚内温度比实测值偏小,数据集中在 1∶1 线下方的多一些(见图 8.27),而预测的棚内相对湿度要比实测的相对湿度偏大一些,数据点落在 1∶1 线上方的多一些(见图 8.28)。

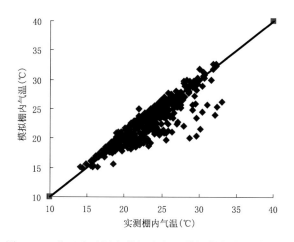

图 8.24　基于小时尺度的棚内气温模拟值与实测值比较

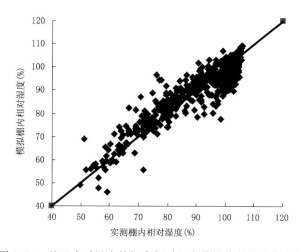

图 8.25　基于小时尺度的棚内相对湿度模拟值与实测值比较

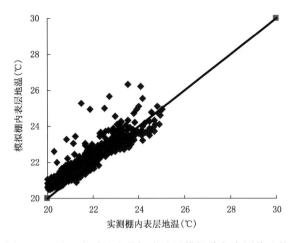

图 8.26　基于小时尺度的棚内地温模拟值与实测值比较

表 8.9　基于小时尺度资料模拟的棚内气温、相对湿度、表层地温的误差对比

	棚内气温	棚内相对湿度	棚内表层地温
相对误差（RE）	4.53%	3.64%	2.23%
标准误差（RMSE）	1.50 ℃	4.53%	0.618 ℃
绝对误差（AE）	1.01 ℃	3.24%	0.480 ℃

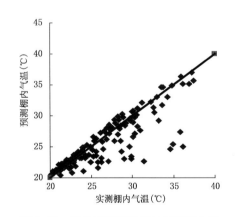

图 8.27　棚内气温预测值与实测值比较

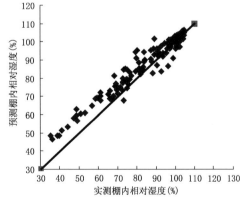

图 8.28　棚内相对湿度预测值与实测值比较

从图 8.29 可以看出，对于棚内表层地温，预测值小于实测值，数据点大多集中在 1∶1 线的下方。由表 8.10 可知，采用逐步回归法预测验证时段的大棚内气温、相对湿度、表层地温的相对误差 RE 分别为 4.2%，5.1%，2.8%，回归估计标准误差 RMSE 分别为 2.13 ℃，5.01%，1.0 ℃，绝对误差 AE 分别为 1.2 ℃，3.6%，0.72 ℃。

验证时段的预测精度比模拟时段稍低,尤其是对于棚内表层地温的预测与模拟时段相比预测精度差异较大。

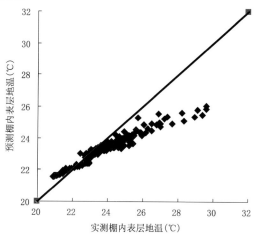

图 8.29　棚内表层地温预测值与实测值比较

表 8.10　基于小时尺度资料预测的棚内气温、相对湿度、表层地温的误差对比

	棚内气温	棚内相对湿度	棚内表层地温
相对误差(RE)	4.21%	5.09%	2.83%
标准误差(RMSE)	2.13 ℃	5.01%	1.03 ℃
绝对误差(AE)	1.16 ℃	3.61%	0.71 ℃

8.4.3　棚室内、外日尺度小气候模拟

(1)日尺度气象要素相关性分析

选取 2012 年 5 月 21 日—7 月 31 日基于日尺度的气象资料,对棚内日平均气温、棚内日平均相对湿度、棚内表层地温和棚外相应的气象要素做相关性分析。分析结果见表 8.11。

表 8.11　基于日尺度的大棚内、外气象要素的相关系数

	棚外日平均气温	棚外日平均相对湿度	棚外太阳总辐射	棚外表层地温
棚内日平均气温	0.952**	−0.294*	0.493**	0.969**
棚内日平均相对湿度	−0.492**	0.975**	−0.210	−0.453**
棚内表层地温	0.817**	−0.197	0.483**	0.943**

注:**表示通过了 0.01 的显著性水平检验;*表示通过了 0.05 的显著性水平检验

由表 8.11 可以看出,基于日尺度的大棚内、外气象要素的相关性,棚内日平均气温与棚外日平均气温、棚外太阳总辐射、棚外表层地温显著相关,均通过了 0.01 的显著性水平检验;与棚外表层地温的相关性最显著,其次是棚外日平均气温,最后是棚外太阳总辐射;与棚外日平均相对湿度呈负相关,其相关性通过了 0.05 的显著性水平检验。棚内日平均相对湿度与棚外日平均气温、棚外表层地温呈负相关,与棚外日平均相对湿度呈正相关,与棚外太阳总辐射没有明显的相关性。棚内表层地温与棚外日平均气温、棚外太阳总辐射、棚外表层地温均呈正相关,且相关系数都通过了 0.01 的显著性水平检验。

(2)日尺度上的棚内温度模拟模型

1)基于多个因子的温度模拟及预测

选取 2012 年 5 月 21 日—7 月 10 日的大棚内、外气象数据作为模拟时段资料,选取 2012 年 7 月 11—31 日作为预测验证时段,建立基于日尺度上的棚内温度预报模型,模拟时段的样本数为 51 个,预测时段的样本数为 21 个,经过逐步回归得到棚内气温预报模型如下:

$$t_{\text{in}} = 2.723 + 0.605 t_{\text{out}} + 0.009 rh_{\text{out}} + 0.295 td_{\text{out}}, R^2 = 0.949 \qquad (8.14)$$

式中:t_{in} 为棚内气温;t_{out} 为棚外气温;rh_{out} 为棚外相对湿度;td_{out} 为棚外表层地温。

图 8.30 为基于日尺度的棚内实测气温与模拟气温的比较。可见在模拟阶段,模拟精度较高。误差最大值出现在 6 月 15 日,模拟值比实测值高了 0.95 ℃。经计算,回归估计标准误差(RMSE)为 0.54 ℃,相对误差(RE)为 1.76%,绝对误差(AE)为 0.39 ℃。模拟精度比基于小时尺度资料的要低。

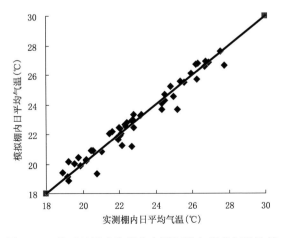

图 8.30　基于日尺度的棚内实测气温与模拟气温比较

由图 8.31 可以看出预测阶段预测的气温比实测气温整体偏小,预测精度比模拟阶段要小,误差最大出现在 2012 年 7 月 27 日,预测值比实测值小 1.44 ℃。回归标准误差(RMSE)为 0.86 ℃,相对误差(RE)为 2.8%,绝对误差(AE)为 0.72 ℃。

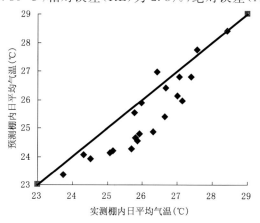

图 8.31　基于日尺度的棚内实测气温与预测气温比较

2)基于单个因子的温度模拟及预测

在实际应用中有时候很难获取多个气象要素,因此有必要研究基于单个因子的日尺度上的棚内温度模拟模型。通过前面的分析,已知大棚内日平均气温与大棚外日平均气温具有显著的相关性,因此可通过大棚外的气温预测大棚内的气温。选取2012 年 5 月 21 日—7 月 10 日大棚内、外气温的逐时资料将其转化成逐日平均气温数据作为模拟时段资料,选取 2012 年 7 月 11—31 日逐日平均气温数据作为预测验证时段资料,建立基于棚外气温的预测棚内气温的模型,模拟时段的样本数为 51 个,预测时段的样本数为 21 个。模型如公式(8.15):

$$t_{in} = 5.701 + 0.794 t_{out}, \quad R^2 = 0.945 \tag{8.15}$$

式中:t_{in} 为棚内气温;t_{out} 为棚外气温。

从图 8.32 可以看出模型在模拟阶段的精度要高于预测阶段的精度,模拟阶段的模拟值与实测值基本上比较接近(见图 8.32a),预测阶段的预测值整体偏小,误差最大为 7 月 17 日,气温的预测值比实测值小 1.98 ℃(见图 8.32b)。在模拟阶段回归估计标准误差(RMSE)为 0.57 ℃,相对误差(RE)为 1.87%,绝对误差(AE)为 0.42℃;预测阶段的回归估计标准误差(RMSE)为 1.36 ℃,相对误差(RE)为 4.67%,绝对误差(AE)为 1.24 ℃。基于单因子的模拟模型预测的精度要低于多因子的预测模型。

(3)日尺度上的辐射模拟模型

选取 2012 年 5 月 22 日—6 月 30 日的辐射资料的小时值,将其转化成日辐射

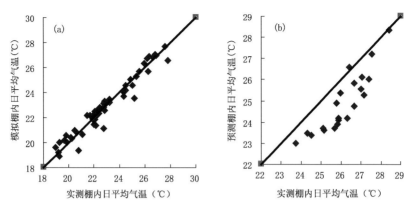

图 8.32　基于单因子的日尺度上的棚内实测气温与模拟气温、预测气温比较

值,对大棚内、外辐射日值做相关性分析,大棚内、外日辐射的相关性达到了 0.86,通过了 0.01 的显著性水平检验。因此,选取 2012 年 5 月 22 日—6 月 21 日的逐日辐射数据建立日尺度上基于棚外辐射的预测棚内辐射的模型,选取 2012 年 6 月 22—30 日作为预测验证时段。模拟时段样本数为 31 个,预测时段样本数为 9 个。模型如公式(8.16):

$$r_{in} = 1.648 + 0.588 r_{out}, \quad R^2 = 0.634 \tag{8.16}$$

由图 8.33 可见,在模拟时段与预测时段,模型的效果都较好。模拟阶段最大误差为 3.21 MJ/m²,预测阶段最大误差为 −3.38 MJ/m²。模拟阶段的回归估计标准误差(RMSE)为 2.13 MJ/m²,相对误差(RE)为 14.2%,绝对误差(AE)为 1.22 MJ/m²。预测阶段的回归估计标准误差(RMSE)为 1.33 MJ/m²,相对误差(RE)为 11%,绝对误差(AE)为 0.98 MJ/m²。

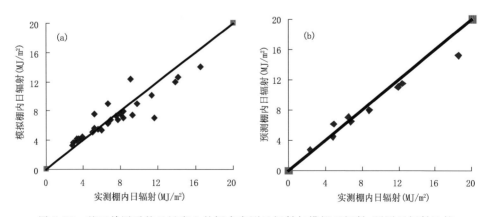

图 8.33　基于单因子的日尺度上的棚内实测日辐射与模拟日辐射、预测日辐射比较

8.5　结论

　　本研究是在贵州贵阳国家农业科技园区核心区菊花种植大棚内开展的棚室内、外小气候观测,以及不同定植期和不同品种切花菊生长发育动态和外观品质观测,分析了气象因子对切花菊生长发育及外观品质的影响。利用积累的气象数据,建立了棚室小气候预测模型;研究了切花菊外观品质和光温的定量关系。主要研究结果如下:

　　(1)试验期间切花菊大棚的内、外日平均气温平均相差 1.29 ℃,最大相差 3.57 ℃;棚内、外日最高气温最大相差 10.23 ℃,平均相差 3.12 ℃;日最低气温最大相差 2.17 ℃,平均相差只有 0.59 ℃;大棚内、外表层地温最大相差 3.60 ℃,平均相差 0.74 ℃;大棚内、外日平均相对湿度平均相差 2.4%,最大相差 15.7%;大棚内、外日太阳总辐射平均相差 3.41 MJ/m²,最大相差 8.60 MJ/m²。

　　(2)通过相关性分析发现,大棚内、外气象要素具有显著的相关性,运用逐步回归方法建立了小时尺度上以棚外气象要素作为输入来模拟棚内气温、棚内地温和棚内相对湿度的预测模型,结果表明,模拟的棚内气温、相对湿度、地温的相对误差(RE)分别为 4.53%,3.64%,2.23%;回归估计标准误差(RMSE)分别为 1.50 ℃,4.53%,0.618 ℃;绝对误差(AE)分别为 1.01 ℃,3.24%,0.480 ℃。

　　(3)切花菊不同定植期光温条件是不同的,因此对植株生长发育的影响是不同的,通过分析切花菊从定植到各发育阶段所需的光温指标,在光照长度完全由人工控制的温室菊花生产中,菊花发育速率主要由温度热效应、光合有效辐射和光周期效应共同决定。因此采用累积辐热积作为指标,切花菊对 ≥10 ℃ 积温的需求,从定植到现蕾期为 1 465.25 ℃ · d,从定植到露色期为 1 799.12 ℃ · d,从定植到采收期为 1 941.95 ℃ · d;对于累积辐热积的需求,从定植到现蕾期为 258.53 MJ/m²,从定植到露色期为 308.31 MJ/m²,从定植到采收期为 328.86 MJ/m²;对于累积温差的需求,从定植到现蕾期为 400.8 ℃,从定植到露色期为 468.2 ℃,从定植到采收期为 504.7 ℃。

参 考 文 献

白青,张亚红,傅理.2010.极端低温条件下日光温室保温性能分析[J].西北农业学报,(11):102-106.

陈端生.1994.中国节能日光温室建筑与环境研究进展[J].农业工程学报,(3):123-129.

陈林.2005a.日本菊花市场调查与分析[J].温室园艺,(3):14-16.

陈林.2005b.国际多头菊花市场调查与分析[J].温室园艺,(8):20-22.

崔建云,董晨娥,左迎之,等.2006.外部环境气象条件对日光温室气象条件的影响[J].气象,**32**(3):

101-106.

杜军,王怀彬,杨励丹.2001.温室内太阳净辐射分配及计算[J].太阳能学报,(1):115-118.

郜庆炉,梁云娟,段爱旺.2003.日光温室内光照特点及其变化规律研究[J].农业工程学报,(3):200-204.

郜庆炉,薛香,段爱旺.2003.日光温室内温度特点及其变化规律研究[J].灌溉排水学报,**22**(6):50-53.

何芬,马承伟.2008.温室湿度环境的主成分分析人工神经网络建模研究[J].上海交通大学学报:农业科学版,(5):428-431.

何芬,马承伟.2008.遗传算法优化人工神经网络模型在日光温室湿度预报中的应用[J].中国农学通报,(1):492-495.

贺芳芳,吴元中.2001.玻璃温室内植物层中总辐射分布规律[J].气象,(2):25-29.

金志凤,周胜军,朱育强,等.2007.不同天气条件下日光温室内温度和相对湿度的变化特征[J].浙江农业学报,(3):188-191.

李良晨.1991.保护地设施内的热湿状态的计算方法[J].西北农业大学学报,**19**(4):25-32.

李情中,马鸿翔,余桂红.2000.菊花[M].南京:江苏科学技术出版社:17-18.

梁丽,李刚.2002.菊花[M].延吉:延边大学出版社:55-60.

刘洪,郭文利,李慧君.2008.北京地区日光温室光环境模拟及分析[J].应用气象学报,(3):351-356.

刘慧,张宏辉.2010.油桃日光温室内外湿度变化规律观察研究[J].陕西农业科学,(5):59-61.

刘可群,黎明锋,杨文刚.2008.大棚小气候特征及其与大气候的关系[J].气象,**34**(7):102-107.

刘克长,任中兴,张继祥,等.1999.山东日光温室温光性能的实验研究[J].中国农业气象,(4):34-37.

刘旭,李秀珍,薛晓萍.2008.温室最低气温与气象因素相关分析[J].滨州学院学报,(6):51-57.

任志雨,乔晓军.1999.春季日光温室的湿度分布及其变化规律[J].蔬菜,(8):1-20.

沈明卫,苗香雯,崔绍荣.2000.华东型连栋塑料温室室内光环境的研究[J].浙江大学学报:农业与生命科学版,(5):533-536.

孙财水,塔娜.2009.寒冷干旱地区温室内温度分布研究[J].北方园艺,(8):158-160.

孙丽,陈景玲,王谦,等.2010.日光温室边际区温度变化及其对茄子光合特性的影响[J].河南农业大学学报,(6):641-646.

孙智辉,李宏群,郑小阳.2005.延安日光温室冬季低温冻害天气分析与预报[J].中国农业气象,(3):372-377.

佟国红,车忠仕,王铁良,等.2009.冬季日光温室内湿度分布测试分析[J].黑龙江农业科学,(1):72-74.

王克安,李絮花,吕晓惠,等.2011.不同结构日光温室温湿度变化规律及其对番茄产量和病害的影响[J].山东农业科学,(3):33-36.

王鑫,魏瑞江,康西言.2010.日光温室湿度日预测的季节时序模型应用研究[J].中国农学报,(22):407-412.

尉孝琴,李亚灵,温祥珍.2010.太谷地区日光温室温湿度年变化规律的研究[J].北方园艺,(15):76-79.

魏瑞江,王西平,常桂荣,等.2001.连阴天气塑料日光温室内外温度的关系及调控[J].中国农业气象,(3):56-61.

吴华兵,季国军,黄少华.2010.苏南地区冬季日光温室内温度和相对湿度的研究[J].江苏农业科学,(4):424-425.

吴元中,杨秋珍,贺芳芳,等.2004.大型玻璃自控温室逐时温度影响因子研究[J].中国生态农业学报,(2):88-91.

徐国彬,罗卫红,陈发棣,等.2006.温度和辐射对一品红发育及主要品质指标的影响[J].园艺学报,**33**(1):168-171.

藏田患次.1993.温室方位和地理纬度对太阳直射光透过率的影响[J].农业工程学报,(2):52-56.

张再强,等.2007.温室标准切花菊发育模拟与收获期预测模型研究[J].中国农业科学,**40**(6):1 229-1 235.

张源能.2000.菊花[M].福州:福建科学技术出版社:18-20.

赵统利,朱朋波,邵小斌,等.2008.4 种天气条件下日光温室主要环境因子的日变化比较[J].江苏农业科学,(2):217-220.

仲光嵬,信志红,徐长芹.2011.日光温室内外气象要素变化特征对比分析[J].安徽农业科学,(18):10 986-10 988.

周秉荣,李凤霞,罗生洲.2002.青海东部塑料日光温室增温效益分析[J].青海气象,(3):35-38.

周绪元,顾三军.1997.晴转阴天气日光温室内环境因素日变化研究[J].长江蔬菜,(5):27-29.

Ambad S N,Kadam U S.1998. Effects of different planting dates on the yield of pyrethrum flower [J]. *Journal of Maharashtra Agricultural Universities*,(23):66-67.

Avissar R.1982. Verification study of a numerical greenhouse microclimate model [J]. *Transactions of the ASAE*,(25):1 711-1 720.

Bannan D,Pai P,Upadhyaya R C.1998. Effect of planting date and pinching height on growth and flowering of chrysanthemum (Chrysanthemum morifolium Ramat.)cv. Chandrama [J]. *International Journal of Tropical Agriculture*,**15**(1-4):65-73.

Benedetto-A-di,Porto-P.1996. New cultural management and higher plant density in chrysanthemums (Dendranthema graniflora) for cutting [J]. *Revista dela Facultad de Agronomia Universidad de Buenos Aires*,**15**(2-3):131-135.

Businger J A.1963. The Glasshouse Climate[M]. van Wjik W R. Physics of Plant Environment. Amsterdam:North-Holland Publishing Company:277-318.

Carvalho S M P. 2003. Effects of growth conditions on external quality of cut chrysanthemum: Analysis and simulation. Ph. D. Dissertation. Wageningen:Wageningen University.

Froehlich D P,*et al*.1979. Stead-periodic analysis of glasshouse thermal environment [J]. *Transactions of the ASAE*,**22**(2):387-399.

Goudriaan J,van Laar H H.1994. Modeling Potential Crop Growth Processes[M]. Amsterdam:

Kluwer Academic Publishers: 29-118.

Heuvelink E, Lee J H, Buiskool R P M, et al. 2002. Light on cut chrysanthemum: Measurement and simulation of crop growth and yield [J]. Acta Horticulturae, (580): 197-202.

Heuvelink E, Lee J H, Carvalho S M P, et al. 2001. Modelling visual product quality in cut Chrysanthemum [J]. Acta Horticulturae, (566): 77-84.

Hin-HakKi, Choi-JooKyun, Choi-Sangtai. 1996. Effect of planting time and pinching on aspects of axillary bud abortion in branchless chrysanthemums (Dendranthema grandiflorum Kitamura) [J]. Journal of the Korean Society for Horticulture Science, 37(3): 442-446.

Lee J H, Heuvelink E. 2003. Simulation of leaf area development based on dry matter partitioning specific leaf area for cut chrysanthemum [J]. Ann Bot, 91: 319-327.

Lee J H, Heuvelink E, Challa H. 2002a. Effects of planting date and plant density on crop growth of cut chrysanthemum [J]. Journal of Horticultural Science and Biotechnology, 77(2): 238-247.

Lee J H, Heuvelink E, Chaila H, et al. 2002b. A simulation study on the interactive effects of radiation and plant density on growth of cut chrysanthemum [J]. Acta Horticultorae, (593): 151-157.

Pieters J G, Deltour J M, et al. 1994. Condensation and static heat transfer through greenhouse covers during night [J]. Transactions of the ASAE, 37(6): 1 965-1 971.

Taka Kura T, Manning T O, Giacomelli G A, et al. 1994. Feed forward control for a floor heat greenhouse [J]. Transactions of the ASAE, 37(3): 939-945.

Takami S. 1977. A model of the greenhouse with a storage-type heat exchanger and its verification [J]. Agric Meteorol, (33): 155-165.

Teitel M, Tanny J. 1998. Radioactive heat transfer from heating tubes in a greenhouse [J]. Agric Eng Res, 69(2): 185-188.

Walker J N. 1965. Predicting temperatures in ventilated greenhouses [J]. Transactions of the ASAE, 8(3): 445-448.

Wang S J, Delton J. 1995. Impact of the main structural parameters on the greenhouse climate [J]. Transaction of the CSAE, (9): 101-107.

Wang S J, Zhu S M. 1997. Simulation and measurement of tunnel greenhouse climate [J]. Transaction of the CSAE, (12): 139-144.

Yang X. 1989. The microclimate and transpiration of a greenhouse cucumber crop [J]. Transactions of the ASAE, 32(6): 2 143-2 150.

第9章 展 望

　　为了更好地服务贵州现代农业的发展,结合贵州特有的农业气候资源以及市场需求情况,探索开展了众多农业气象试验研究,包括蔬菜(辣椒、番茄、小白菜等)、水果(蓝莓、火龙果、椪柑、葡萄等)、中草药(何首乌、太子参等)、花卉(菊花)等一系列具有贵州特色的农业气象试验。未来随着现代农业的发展、全球气候变化及气象服务精细化和纵深化的需求,特色农业气象试验和服务将会有着更加旺盛的生命力和广阔的应用前景。

9.1 特色农业气象试验研究发展前景

　　(1)现代农业发展对特色农业气象试验提出新的需求

　　随着农业产业结构的调整,农业尤其是特色农业对农业气象试验和气象服务要求越来越高。过去农业的主要任务是解决人们的吃饭问题,农业主要为人们提供口粮,主要生产小麦、玉米、水稻等几大粮食作物。随着经济和社会的发展,人们生活水平不断提高,人们对农业的要求不再停留在仅仅提供口粮上,而是对精品水果、蔬菜、瓜果、茶叶等农副产品的需求越来越多,并且对它们的品质要求也越来越高。随着现代农业的发展,一方面,农业规模化、机械化、工厂化的生产技术大规模应用,迫切需要根据现代农业生产方式开展有针对性的农业气象观测,试验新的农业气象服务,改进农业气象服务内容和服务模式;另一方面,生产效益高的设施农业、特色农业、都市农业等发展迅猛、比重增加,需要开展相关的观测试验研究,建立特色农业等农业气象指标体系和模型系统,尽快推进针对特色农业生产的全过程气象服务。

　　(2)气候变化背景下提升农业防灾减灾气象服务能力的新需求

　　气候变化以全球变暖和极端天气气候事件发生频率增大为典型特征,在这样的背景下,气候波动和变化将会对农业特别是特色农业生产产生严重影响,未来农业生产如何适应气候一系列的变化,在农业气象适应对策和技术方面将取得重要的突破。在全球变暖的背景下,寒潮、冰雹、干旱等极端天气气候事件增多,原来适合特色农作物生长的局地气候也发生了很大的变化,原有的气候生态条件被破坏掉了。农业产业结构、生产方式、天气气候条件等均发生了很大变化,原有的农业气象指标已经不能科学地反映气象条件和农业气象灾害对作物生长发育的影响,迫切需要联合开展区域性农业气象观测试验研究,持续验证和修订农业气象指标体系,明确农业气象灾害的形成机理和危害机制,提高农业气象灾害监测、预报、预警及评估能力和水平。

(3)特色农业气象试验是气象服务精细化和纵深化的重要内容

随着现代科技的进步和现代气象事业的发展,为经济和社会发展提供越来越精细的服务成为可能,一流的台站、一流的装备、一流的技术、一流的人才必将拓展气象服务的领域,从现在的大众化向分众化转移,提高服务的针对性将是未来气象服务发展的一个趋势。目前针对城市的专项气象服务开展得比较多,但对农村开展的专项气象服务还比较少,随着气象事业的发展,特色农业气象服务将会成为气象服务的一个重要领域。此外,农业气象服务也不同于城市气象服务,比如城市重大活动气象保障服务持续的时间一般不会太长,但特色农业气象服务不同,它更注重服务的长期性和累积性。

(4)特色农业气象试验是农业应对气候变化的新需求

水土资源短缺、气候变化影响加剧已经成为现代农业发展的瓶颈,迫切要求农业气象在科技创新上取得新突破,通过农业气象试验获得适合本地农业生产、能够促进农业经济增长和发展的气象适用技术。农业气象适用技术主要是在农业气象试验研究、农业气象科技示范推广及引用本地化的基础上,经过对相关技术的总结、提炼而形成,主要面向广大农业生产者使用,解决农业生产中的气象、栽培、植保等问题,提高作物产量、品质或防灾抗灾能力等。依托农业气象试验研究可增强农业应对气候变化能力,强化农业抗御气象灾害能力,提高开发利用农业气候资源能力。

(5)特色农业气象试验是发展保障生态文明建设气象服务新需求

生态文明建设是一项庞大而复杂的系统,牵涉国家社会各个层面,事关每一个公民,需要全社会出谋划策、攻坚克难。党的十八大根据我国经济社会发展实际,提出全面建成小康社会和全面深化改革开放的目标,把生态文明建设纳入中国特色社会主义事业"五位一体"的总体布局,并首次提出"加强防灾减灾体系建设,提高气象、地质、地震灾害防御能力",强调"积极应对全球气候变化"。生态文明建设是一项长期任务,农业气象试验长期开展作物物候等方面的观测和研究,具有一定的技术基础和优势,需要在生态质量监测评估以及退耕还林、退牧还草、湿地保护与恢复等重大生态建设工程服务等方面开展探索,进一步发挥其作用。

9.2　特色农业气象试验研究发展趋势

贵州省山地气候资源优势明显,发展特色农业前景广阔,对特色农业气象试验的需求迫切,需着力构建贵州山地气候资源的特色农业气象试验研究和业务服务体系。

(1)加强特色农业气象观测站网和试验基地建设

结合贵州省特色农业产业布局和现代高效农业园区布局,进一步完善特色农业小气候自动观测网。在贵州省中部、南部、西部、北部、东部等不同气候代表区域,按照统筹兼顾、优势互补、资源共享的原则,建立可供开展特色农业气象试验研究的试验基地,开展相关试验研究工作,为特色农业向深度和广度发展提供气象试验技术支撑。

(2)开展可持续的特色农业气象观测

开展可持续的特色农业气象观测,积累长期、定点、稳定、系统的观测资料。制定特色农业与生态气象观测规范,规范特色农业气象试验站观测、试验等各类资料的存储与归档。根据农业与生态气象灾害、农林病虫害的发生情况和农业气象服务的需要,开展必要的移动观测、田间调查。

(3)进行特色农业气象科研成果示范推广

根据特色农业高产稳产、高品优质,以及气象防灾减灾和气候资源开发利用等需要,依托特色农业气象观测站网和试验基地,开展特色农业气象科研成果、示范推广,将效益明显的科技成果在农业生产实际中推广应用。

(4)做好特色农业气象防灾减灾工作

运用数学分析方法、物理学原理、“3S”技术和计算机技术分析区域气候条件,做好特色农作物新品种气候适宜性评价,制定农业气象防灾减灾措施。贵州主要的农业气象灾害有干旱、洪涝、凝冻、秋风等,根据贵州气候资源特点,合理规划特色农业的布局、物候期安排以及做好农业气象的防灾减灾工作是贵州农业顺利发展的重要保障,也是农业气象试验研究的重点工作。

(5)建立特色农业气象服务体系

在现代传统农业的基础上,加强特色农业气象试验研究,充分发挥和深化“试验(引进)—示范—推广—服务”的模式,深入生产一线调查、总结不同特色农业生产对气象服务的具体需求,建立农业气象科技与服务信息化平台,充分利用观测、试验等资料,探索、研发现代农业生产全过程、精细化、实用性气象服务产品,建立面向生产一线的现代农业生产综合气象服务模式。